避险与救助全攻略丛书

出行突发事件 应急救助

CHUXING TUFA SHIJIAN
YINGJI JIUZHU

陈祖朝　丛书主编
陈晓林　本册主编

中国环境出版社·北京

图书在版编目（CIP）数据

出行突发事件应急救助 / 陈晓林主编 . -- 北京 ： 中国
环境出版社，2013.5（2016.7 重印）
（避险与救助全攻略丛书 / 陈祖朝主编）
ISBN 978-7-5111-1233-0

Ⅰ．①出… Ⅱ．①陈… Ⅲ．①生活安全－普及读物
Ⅳ．① X956-49

中国版本图书馆 CIP 数据核字 (2013) 第 006202 号

出 版 人　王新程
责任编辑　俞光旭
责任校对　唐丽虹
装帧设计　金　喆

出版发行　**中国环境出版社**
　　　　　（100062 北京市东城区广渠门内大街 16 号）
　　　　　网　　　址：http://www.cesp.com.cn
　　　　　电子邮箱：bjgl@cesp.com.cn
　　　　　联系电话：010-67112765（编辑管理部）
　　　　　发行热线：010-67125803，010-67113405（传真）
印　　刷　北京市联华印刷厂
经　　销　各地新华书店
版　　次　2013 年 5 月第 1 版
印　　次　2016 年 7 月第 5 次印刷
开　　本　880×1230　1/32
印　　张　5.5
字　　数　116 千字
定　　价　16.00 元

《避险与救助全攻略丛书》
编委会

主　编：陈祖朝

副主编：陈晓林　周白霞

编　委：周白霞　马建云　王永西

　　　　陈晓林　范茂魁　高卫东

《出行突发事件应急救助》

本册主编：陈晓林

编　者：陈晓林　黄中杰

安全是人们从事生产生活最基本的需求，也是我们健康幸福最根本的保障。如果没有安全保障我们的生命，一切都将如同无源之水、无本之木，一切都无从谈起。

生存于21世纪的人们必须要意识到，当今世界，各种社会和利益矛盾凸显，恐怖主义势力、刑事犯罪抬头，自然灾害、人为事故频繁多发，重大疫情和意外伤害时有发生。据有关资料统计，全世界平均每天发生约68.5万起事故，造成约2 200人死亡。我国是世界上灾害事故多发国家之一，各种灾害事故导致的人员伤亡居高不下。2012年7月21日，首都北京一场大雨就让77人不幸遇难；2012年8月26日，包茂高速公路陕西省延安市境内，一辆卧铺客车与运送甲醇货运车辆追尾，导致客车起火，造成36人死亡，3人受伤；2012年11月23日，山西省晋中市寿阳县一家名为喜羊羊的火锅店发生液化气爆炸燃烧事故，造成14人死亡，47人受伤……

灾难的无情和生命的脆弱再一次考问人们，当自然灾害、紧急事故、社会安全事件等不幸降临在你我面前，尤其是在没有救护人员和专家在场的生死攸关的危难时刻，我们该怎样自救互救拯救生命，避免伤亡事故发生呢？

带着这些问题，中国环境出版社特邀了长期在抢险救援及教学科研第一线工作的多位专家学者，编写并出版了这套集家庭突发事件、出行突发事件、火灾险情、非法侵害、自然灾害、公共场所事故为主要内容的"避险与救助全攻略丛书"，丛书的出版发行旨在为广大关注安全、关爱生命的朋友们支招献策。使大家在灾害事故一旦发生时能够机智有效地采取应对措施，让防灾避险、自救互救知识能在意外事故突然来临时成为守护生命的力量。

　　整套丛书从保障人们安全的民生权利入手，针对不同环境、不同场所、不同对象可能遇见的生命安全问题，以通俗简明、图文并茂的直接解说方式，教会每一个人在日常生活、学习、工作、出行和各种公共活动中，一旦突然遇到各种灾害事故时，能及时、正确、有效地紧急处置应对，为自己、家人和朋友构筑起一道抵御各种灾害事故危及生命安全的坚实防线，保护好自己和他人的生命安全。但愿这套丛书能为翻阅它的读者们，打开一扇通往平安路上的大门。

　　借此要特别说明的是：在编写这套丛书的过程中，我们从国内外学者的著作（包括网络文献资料）中汲取了很多营养，并直接或间接地引用了部分研究成果和图片资料，在此我们表示衷心的感谢！

　　祝愿读者们一生平安！

编委会

　　出行安全，不仅关系到自己的生命和安全，同时也关系到对他人生命的尊重，是构筑和谐社会的重要因素。现代社会，在每天繁忙的工作、快节奏的生活、节假日的旅行中，出行是人们必不可少的一项活动。当我们行走在城镇、乡村的道路上，在乘驾交通工具的过程中，在外出探险和出国旅游的旅途上，由于各方面因素的影响，都可能遭遇一些意想不到的险情。

　　这个世界因为人的欢声笑语而精彩，而人的生命是很脆弱的。如果我们不注重出行安全，忽视出行安全隐患，辜负家人的重望，把生命当儿戏，那么后果不堪设想，良心也终会受到谴责。一件件、一桩桩血腥的人身安全事件，令人胆战心惊，残不忍睹。只因为忽视了出行安全问题，一个个如鲜花般的生命在瞬间凋零，给家人、朋友以沉重的打击。我们不能在失去太多以后才醒悟、才懂得珍惜、才去反思，到那时，这一切都为时已晚。那么，当出行遇到险情时，我们应当如何应对？

　　为此，我们组织人员编写了《避险与救助全攻略丛书——出行突发事件应急救助》。本书依据国家法律、法规，结合大量的典型案例，针对不同情况下出行遇险发生的原因，提出相应的自救对策，并作了特别提示，这对提高全民防灾避险意识，避免人身伤亡事故具有重要的指导意义。本书第一、二、五章由公安消防部队昆明指挥学校陈晓林编写，第三、四章由公安消防部队昆明指挥学校黄中杰编写。

由于编写人员理论水平和实践经验有限，书中错误和不足之处在所难免，欢迎广大读者批评指正。

编者

目录

第一章 交通安全常识

交通安全是指人们在道路上进行活动时，按照交通法规的规定，安全地行车、走路，避免发生人身伤亡或财物损失。每年都会因交通事故而致死、伤残大量人员，财产损失更是一个天文数字。出门在外，无论是乘车、步行还是自己开车，只有遵守交通安全规则，才能避免交通事故的发生。

一、交通信号

交通信号包括交通信号灯、交通标志、交通标线和交通警察的指挥。全国实行统一的道路交通信号。

（一）交通信号灯

在繁忙的十字路口，四面都悬挂着红、黄、绿三色交通信号灯，它是不出声的"交通警"。红绿灯是国际统一的交通信号灯，红灯是停止信号，绿灯是通行信号。交叉路口，几个方向来的车都汇集在这里，有的要直行，有的要拐弯，到底让谁先走，这就要听从红绿灯指挥。红灯亮，禁止直行或左转弯，在不妨碍行人和车辆的情况下，允许车辆右转弯；绿灯亮，准许车辆直行或转弯；黄灯亮，停在路口停止线或人行横道线以内，已经通过路口停止线或人行横道线的可以继续通行；黄灯闪烁时，警告车辆注意安全（图 1-1）。

图 1-1　交通信号灯

（二）交通标志

在道路上，我们可以看到各式各样的交通标志。交通标志用图案、符号和文字来表达特定的含义，告诉驾驶员和行人注意附近环境情况。这些标志对于安全行车和行走非常重要，被称为"永不下岗的交通警"。

1．警告标志

警告标志：它是警告车辆和行人注意危险地段、减速慢行的标志。其形状为正三角形，颜色为黄底、黑边、黑图案（图 1-2）。

信号灯标志

落石标志

横风标志

易滑标志

傍山险路标志

堤坝路标志

图 1-2　警告标志

2. 禁令标志

禁令标志：它是禁止或限制车辆、行人某种交通行为的标志。其形状通常为圆形，个别为八角形或顶点向下的等边三角形。其颜色通常为白底、红圈、红斜杆和黑图案，"禁止车辆停放标志"为蓝底、红圈、红斜杆（图 1-3）。

禁止直行和
向右转弯

禁止掉头

禁止超车

解除禁止
超车

禁止车辆临时
或长时停放

禁止车辆
长时停放

禁止
鸣喇叭

限制宽度

限制高度

限制质量

图 1-3　禁令标志

3. 指示标志

指示标志：它是指示车辆、行人按规定的方向、地点行驶或行走的标志。其形状为圆形、正方形或长方形，颜色为蓝底、白图案（图1-4）。

直行　　　　　　向左转弯　　　　　　向右转弯

向左和向右　　靠右侧道路行驶　　靠左侧道路行驶
转弯

图 1-4　指示标志

4. 指路标志

指路标志：它是传递道路方向、地点和距离信息的标志。其形状，除地点识别标志、里程碑、分合流标志外，为长方形或正方形。其颜色，一般道路为蓝底、白图案，高速公路为绿底、白图案（图1-5）。

入口预告　　　　入口预告　　　　　　入口
高速公路入口的地　通向高速公路某方向的入
点方向　　　　　口预告

起点　　　　　　终点预告　　　　　　终点提示

图 1-5　指路标志

5. 辅助标志

辅助标志：它是主标志下，对主标志起辅助说明的标志。其形状为长方形，颜色为白底、黑字、黑边框。用于表示时间、车辆类型、警告和禁令的理由、区域或距离等主标志无法完整表达的信息（图 1-6）。

图 1-6　辅助标志

（三）交通标线

　　道路交通标线是由标画于路面上的各种线条、箭头、文字、立面标记、突起路标和轮廓等构成的交通安全设施（图 1-7）。其作用是管制和引导交通，可以与交通标志配合使用，也可以单独使用。

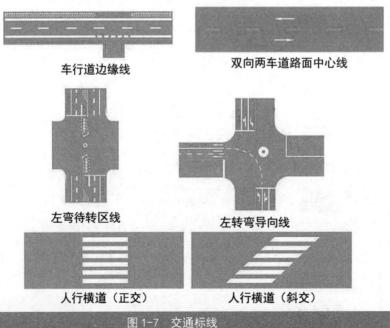

图 1-7　交通标线

交通标线按功能可分为三类：禁止标线、指示标线和警告标线。

1. 禁止标线

禁止标线是告示道路交通的通行、禁止、限制等特殊规定，机动车、机动车驾驶人和行人需严格遵守的标线。包括：

（1）禁止超车线。表示严格禁止车辆跨线超车或压线行驶，用于划分上、下行方向各有两条或两条以上机动车道，而没有设置中央分隔带的道路。

①中心黄色双实线。

②中心黄色虚实线。

③三车道标线。

④禁止变换车道线。

（2）禁止路边停放车辆线。表示禁止在路边停车的标线。

①禁止路边长时停放车辆。

②禁止路边临时或长时停放车辆线。

（3）停止线。信号灯路口的停止线，白色实线，表示车辆等候放行的停车位置。

（4）停车让行线。表示车辆在此路口必须停车或减速，让干道车辆先行。

（5）减速让行线。表示车辆在此路口必须减速或停车，让干道车辆先行。

（6）非机动车禁驶区标线。用于告示骑车人在路口禁止驶入的范围。左转弯骑车人须沿禁驶区外围绕行，以保证路口内机动车通行空间和安全侧向净空。

（7）导流线。表示车辆须按规定的路线行驶，不得压线或越线行驶。线为白色。

①复杂行驶条件丁字路口导流线。

②复杂行驶条件十字路口导流线。

③复杂行驶条件斜交丁字路口导流线。

④复杂行驶条件支路口主干道十字路口导流线。

⑤复杂行驶条件不规则路口导流线。

⑥复杂行驶条件Y形路口导流线。

（8）网状线。用于告示驾驶人禁止在该交叉路口临时停车。

（9）中心圈。用于区分车辆大、小转弯，车辆不得压线行驶。

（10）专用车道线。用于指示仅限于某车种行驶的专用车道，其他车辆、行人不得进入。

（11）禁止掉头标记。由一个掉头箭头和一个叉形图案组成的黄色图案，表示禁止车辆掉头。

2．指示标线

指示车行道、行驶方向、路面边缘、人行横道等设施的标线。包括：

（1）双向两车道路面中心线。用来分隔对向行驶的交通流。表示在保证安全的原则下，准许车辆跨越线超车。通常指示机动车驾驶人靠右行驶。线为黄色虚线。

（2）车行道分界线。用来分隔同向行驶的交通流。表示在保证安全的原则下，准许车辆跨越线超车或变更车道行驶。线为白色。

（3）车行道边缘线。用来指示机动车道的边缘或用来划分机动车与非机动车道的分界。线为白色实线。

（4）左转弯待转区线。用来指示转弯车辆可在直行时段进入待转区，等待左转。左转时段终止，禁止车辆在待转区停留。线为白色虚线。

（5）左转弯导向线。表示左转弯的机动车与非机动车之间的分界。机动车在线的左侧行驶，非机动车在线的右侧行驶。线为白色虚线。

（6）人行横道线。表示准许行人横穿车行道的标线。线为白色平行粗实线（正交、斜交）。

（7）高速公路车距确认标线。用于提供车辆机动车驾驶人保持行车安全距离的参考。线为白色平行粗实线。

（8）高速公路出入口标线。为驶入或驶出匝道车辆提供安全交会、减少与突出部缘石的碰撞的标线。包括出入口的横向标线、三角地带的标线。如直接式出口标线、平行式出口标线、直接式入口标线、平行式入口标线等。

（9）停车位标线。表示车辆停放的位置。线为白色实线。如平行式停车位、倾斜式停车位、垂直式停车位等。

（10）港湾式停靠站标线。表示公共客车通过专门的分离引道和停靠位置。

（11）收费岛标线。表示收费岛的位置，为驶入收费车道的车辆提供清晰的标记。

（12）导向箭头。表示车辆的行驶方向。主要用于交叉道口的导向车道内、出口匝道附近及对渠化交通的引导。

（13）路面文字标线。利用路面文字，指示或限制车辆行驶的标记。如最高速度、大型车、小型车、超车道等。

3. 警告标线

促使机动车驾驶人和行人了解道路变化的情况，提高警觉，准确防范，及时采取应变措施的标线。包括：

（1）车行道宽度渐变标线。用于警告车辆驾驶人了解路宽缩减或车道数减少，应谨慎行车，禁止超车。如三车道缩减为双车道、四车道缩减为双车道、三车道斑马线过渡等。

（2）接近障碍物标线。用于指示路面有固定障碍物的标线。如双车道中间有障碍、四车道中间有障碍、同方向二车道中间有障碍等。

（3）接近铁路平交道口标线。用于指示前方有铁路平交道口，警告车辆驾驶人谨慎行车的标线。

二、道路交通安全设施

交通安全设施对于保障行车安全、减轻潜在事故程度，起着重要作用。良好的安全设施系统应具有交通管理、安全防护、交通诱导、隔离封闭、防止眩光等多种功能。道路交通安全设施包括信号灯、交通标志、路面标线、护栏、隔离栅、照明设备、视线诱导标、防眩设施等。

1. 道路交通标志

道路交通标志有警告标志、禁令标志、指示标志、指路标志、旅游区标志、道路施工安全标志、辅助标志。设置交通标志的目的是给道路通行人员提供确切的信息，保证交通安全畅通。高速公路上车速快，车道数多，标志尺寸比一般道路上的大得多。

2. 路面标线

路面标线有禁止标线、指示标线、警告标线，是直接在路面上用漆类喷刷或用混凝土预制块等铺列成线条、符号，与道路标志配合的交通管制设施。路面标线种类较多，有行车道中线、停车线竖面标线、路缘石标线等。标线有连续线、间断线、箭头指示线等，多使用白色或黄色漆。

3. 安全护栏

公路上的安全护栏既要阻止车辆越出路外，防止车辆穿越中央分隔带闯入对向车道，又要能诱导驾驶员的视线（图1-8）。

立柱头粘贴线形诱导标
（右侧通行）

加装反光道钉

护栏底座加长作为阻车器
（贴反光线形诱导标）

图1-8 安全护栏

4. 隔离栅

隔离栅是高速公路的基础设施之一，它使高速公路全封闭得以实现，并阻止人畜进入高速公路（图1-9）。它可有效地排除横向干扰，避免由此产生的交通延误或交通事故，保障高速公路效益的发挥。隔离栅按其使用材料的不同，可分为金属网、钢板网、刺铁丝和常青绿篱几大类。

图 1-9　隔离栅

5. 道路照明

道路照明主要是为保证夜间交通的安全与畅通，大致分为连续照明、局部照明及隧道照明（图 1-10）。照明条件对道路交通安全有着很大的影响，视线诱导标一般沿车道两侧设置，具有明示道路线形、诱导驾驶员视线等用途。对有必要在夜间进行视线诱导的路段，设置反光式视线诱导标。

图 1-10　道路照明

6. 防眩设施

防眩设施的用途是遮挡对向车前照灯的眩光，分防眩网和防眩板两种（图 1-11）。防眩网通过网股的宽度和厚度阻挡光线穿过，减弱光束强度而达到防止对向车前照灯炫目的目的，防眩板是通过其宽度部分阻挡对向车前照灯的光束。

图 1-11　防眩设施

2 第二章 行路突发事件

行路，是我们出行最常用的方式。在我们的工作、学习、生活中，行走在人来车往的交通繁忙的道路上，如果我们不注意安全，也会闯祸或遭遇不测。因此，当我们外出时，要自觉遵守交通规则，增强自我保护意识，在遇到危险时，能够主动自救和寻求帮助，以减少对自身的伤害。

一、行路遭遇交通事故

在我们身边，常常会发生一些交通事故。这些交通事故的发生，就是由于有些人不遵守交通规则造成的（图2-1）。有些人走路不靠右边，明明见红灯还硬闯，横穿公路不看两边有没有车……一旦发生交通事故，将给家庭带来极大的伤痛，给社会造成巨大损失。只要我们每个人时刻注意交通安全，遵守交通规则，交通事故是可以避免的。

图 2-1　违规行走

案例回放

案例一：2005 年 11 月 14 日 5 时 40 分，山西沁源县某中学组织全校初二、初三 13 个班的 900 多名学生来到汾屯公路上跑操，学生们跑到汾屯公路 118 km+206 m 处，在公路上调头返回。前面 12 个班都已调头返回，跑在最后的一个班转弯时，一辆东风带挂大货车像疯了一般突然碾压过来，在一片惊呼和惨叫声中，学生们纷纷倒地。东风带挂车"扫"倒一大片学生后，撞断路边的大树又驶上公路，斜横在路上才停了下来（图 2-2）。21 名师生死亡（当场有 18 人死亡，3 名伤员因抢救无效死亡），另有 18 人受伤，其中班主任也在此次事故中丧生。死亡学生中，年龄最大的 18 岁，最小的 15 岁。

图 2-2　山西沁源"11·14"事故场景　　　图 2-3　无围栏的铁路道口

案例回放

　　案例二：2009 年 3 月 12 日 20 时 38 分左右，沪昆铁路芷江段冷水铺至波州区间，一列行驶的货车撞向 7 名小学生，造成其中 4 人死亡，1 人重伤，2 人轻伤。发生事故时，正值附近小学的学生下晚自习时间，事故地段没有加设围栏装置(图2-3)。2010 年 5 月 18 日 14 时，咸阳市渭城区某中学八年级一名学生，在上学途中路经渭河电厂运煤专用铁路时，正好有列车过来，前面的学生都已经过了铁路，这位学生是最后一个，也想冲过去，结果意外发生了，这名学生被撞，当场死亡。

事故原因

　　（1）行路过程中未走人行道而走机动车道。

（2）过十字路口或铁路道口时未遵守通行信号硬闯红灯。

（3）横穿公路时未注意两边来往车辆。

（4）在机动车道与人行道不分的道路上行走时，未在最边上行走。

（5）等车时，未注意过来车辆的行驶状态，未考虑突发情况下的紧急逃生。

自救对策

1. 发生交通事故或交通纠纷的应急对策

（1）拨打122或110电话报警时，准确报出事故发生的地点及人员、车辆伤损情况。

（2）双方认为可以自行解决的事故，应把车辆移至不妨碍交通的地点协商处理；其他事故，需变动现场的，必须标明事故现场位置，把车辆移至不妨碍交通的地点，等候交通警察处理。

（3）遇到交通事故逃逸车辆，应记住肇事车辆的车牌号，如未看清肇事车辆车牌号，应记下肇事车辆车型、颜色等主要特征。

（4）遇到撞人后驾车或骑车逃逸的情况，及时追上肇事者或求助周围群众拦住肇事者。

（5）与非机动车发生交通事故后，在不能自行协商解决的情况下，应立即报警。

2. 交通事故造成人员伤亡时的应急对策

应立即拨打120急救电话求助，同时不要破坏现场和随意移动伤员。

（1）拨通电话后，应说清楚伤者所在方位、年龄、性别和伤情。

如不知道确切的地址，应说明大致方位，如在哪条大街、哪个方向等。

（2）尽可能说明伤者典型的发病表现，如胸痛、意识不清、呕血、呕吐不止、呼吸困难等。

（3）说明伤者受伤的时间，并报告受害人受伤的部位和情况。

（4）说明您的特殊需要，了解清楚救护车到达的大致时间，并准备接车。

（5）检查伤者的受伤部位，止血、包扎或固定。

（6）注意保持伤者呼吸通畅。如果呼吸或心跳停止，立即进行心肺复苏法抢救。

特别提示

1. 道路行走注意事项

（1）行人须在人行道内行走，没有人行道的，须靠路边行走。

（2）穿越道路，要听从交通民警的指挥；自觉遵守交通规则，做到"红灯停，绿灯行"。

（3）穿越道路，要走人行横道线；在有过街天桥或过街地道的路段，应自觉走过街天桥或地下通道。

（4）穿越道路时，要走直线，不可迂回穿行；在没有人行横道的路段，应先看左边，再看右边，在确认没有机动车通过时才可以穿越道路。

（5）不要翻越道路中央的安全护栏和隔离墩；不准穿越、倚坐道口护栏。

（6）列队通过道路时，每横列不准超过2人。儿童的队列，须在人行道上行进，并有教师或成年人组织。

（7）不要突然横穿道路，特别是道路对面有熟人、朋友呼唤，千万不能贸然行事，以免发生意外。

（8）小学生出行时应佩戴小黄帽，促使学生养成良好的交通文明习惯并有效保证学生的交通安全（图2-4）。

图2-4 学生出行佩戴小黄帽

2. 穿越铁路道口注意事项

（1）行人在铁路道口、人行过道及平过道处，发现或听到有火车开来时，应立即躲避到距铁路钢轨2m以外处，严禁停留在铁路上，严禁抢行穿越铁路。

（2）行人通过铁路道口，必须听从道口看守人员和道口安全管理人员的指挥。

（3）凡遇到道口栏杆（栏门）关闭、报警器发出警报、道口信号显示红色灯光，或道口看守人员示意列车即将通过时，行人严禁抢行，必须依次停在停止线以外；没有停止线的，停在距最外股钢轨 5m（栏门或报警器等应设在这里）以外，不得影响道口栏杆（栏门）的关闭，不得撞、钻、爬越道口栏杆（栏门）。

（4）设有信号机的铁路道口，两个红灯交替闪烁或红灯稳定亮时，表示火车接近道口，禁止车辆、行人通行。

（5）红灯熄、白灯亮时，表示道口开通，准许车辆、行人通行。

（6）遇有道口信号红灯和白灯同时熄灭时，需止步瞭望，确认安全后，方可通过。

（7）行人通过设有道口信号机的无人看守道口以及人行过道时，必须止步瞭望，确认两端均无列车开来时，方可通行。

二、骑自行车遭遇交通事故

在我国，由于经济水平等因素的影响，自行车被广泛地使用，无论是城市或农村，人们出行的主要代步工具即是自行车，它给人们的生活带来了诸多方便，成人上班，学生上学，父母送孩子上幼儿园，一家人一道串亲访友，都离不开自行车。我国已被称为"自行车王国"。自行车既有灵活、方便的一面，同时又有不稳定、危险性大的一面。据调查，在我国骑自行车人的交通事故死亡人数占交通事故死亡总数的 1/3，骑车受伤人数约占 40%（图 2-5）。

图 2-5　自行车交通事故场景

图 2-6　墨西哥自行车赛交通事故场景

案例一：2008 年 6 月 2 日，墨西哥蒙特雷发生一起汽车撞死正在比赛的自行车选手的交通事故。醉酒司机驾驶一辆黑色轿车，冲入一群自行车赛车手当中，导致 1 人死亡，10 人受伤（图 2-6）。

案例二：2008 年 5 月 26 日 10 时许，济南市某路口附近发生一幕惨剧。当时一位带着一名小男孩的妇女，骑着自行车与公交车自东向西并行，北侧另一妇女骑自行车经过，两人发生碰撞不慎摔倒。当时带孩子的妇女靠近公交车，碰撞使其后座上的小男孩甩了出去。此时，一辆公交车恰巧从此处经过，公交车右侧后轮从小男孩头部碾过，致使小男孩当场死亡。

事故原因

（1）自行车刹车失灵、掉链子、爆胎及发生其他故障。

（2）未遵守交通规则，在人行道和机动车道上骑自行车。

（3）转弯时不看四周情况，抢行猛拐。超车时与前方自行车靠得过近，发生碰撞。

（4）过交叉路口时，不减速慢行避让行人，闯红灯。

（5）骑车时双手撒把，多人并骑，互相攀扶，互相追逐、打闹。

（6）骑车时攀扶机动车辆，载过重的东西，骑车带人，骑车时戴耳机听广播。

（7）骑一辆车，再牵引一辆车；雨天骑车，一手持伞，一手扶把骑行。

自救对策

（1）与机动车发生事故后，非机动车驾驶人应记下肇事车的车牌号，保护现场，及时报警，等候交通警察前来处理；遇到撞人后驾车逃逸的情况，应及时追上肇事者或求助周围群众拦住肇事者。

（2）如非机动车人员伤势较重，在记下肇事车的车牌号后应立即报警，求助他人标明现场位置后，及时到医院治疗。

（3）非机动车之间发生事故后，在无法自行协商解决的情况下，应迅速报警，保护事故现场；如当事人受伤较重，求助其他人员，立即拨打122报警，并拨打120求助。

（4）与行人发生事故后，应及时了解伤者的伤势，保护事故现场并报警；如伤者伤势较重，在征得伤者同意的情况下，将伤者及时送往医院救治（图2-7）。

图 2-7 询问伤情

（5）骑自行车出现意外将要跌倒时，不要勉强保持平衡，这样常常会导致严重的挫伤、脱臼或骨折等后果，应果断、迅速地把车子抛掉，人向另一侧跌倒，并将全身肌肉紧绷，尽可能用身体的大部分面积与地面接触。不要用单手、单脚着地，更不能让头部先着地。

（6）若有人员受伤，立即检查伤者的受伤部位，止血、包扎或固定；注意保持伤者呼吸通畅；如果呼吸或心跳停止，立即进行心肺复苏法抢救。

（7）发生重大交通事故时，不要翻动伤者，立即拨打120求助。

特别提示

骑自行车外出比起走路，不安全的因素增加了，需要注意的安全事项如下：

（1）经常检修自行车，保持车况完好。没有车闸或没有安全保证的自行车不能上路。

（2）不要在人行道、机动车道上骑自行车，不要在车行道上学骑自行车。未满12岁的儿童，不要骑自行车上街。

（3）骑自行车要在非机动车道上靠右边行驶，不逆行；骑车不要曲折行驶；在混行道上要靠右边行驶；转弯时不抢行猛拐，要提前减慢速度，看清四周情况，以明确的手势示意后再转弯。

（4）超越前方自行车时，不要与其靠得太近，速度不要过猛，不得妨碍被超车辆的正常行驶。

（5）经过交叉路口，要减速慢行，注意来往的行人、车辆；不闯红灯，遇到红灯要停车等候，待绿灯亮了再继续前行。

（6）骑车时不要双手撒把，不要两人骑一辆车，不要相互竞驶，不要两辆车以上并排行驶。

（7）不要骑一辆车，再牵引一辆车，不要紧随机动车后面行驶，不要手扶机动车行驶。

（8）骑车途中遇雨，要精力更加集中，放慢速度。雨天骑车，最好穿雨衣、雨披，不要一手持伞，一手扶把骑行。

（9）过较大陡坡或横穿4条以上机动车道时应当推车行走，雨、雪、雾等天气要慢速行驶，路面雪大结冰时要推车慢行。

三、行路遭遇地面塌陷

地面塌陷是指地表岩、土体在自然或人为因素作用下，向下陷落，并在地面形成塌陷坑（洞）的一种地质现象。当这种现象发生在有人类活动的地区时，便可能成为一种地质灾害，行路中遭遇地面塌陷，极有可能造成人员伤亡。

案例回放

案例一：2008 年 11 月 15 日 15 时许，杭州风情大道地铁施工工地突然发生大面积地面塌陷，正在路面行驶的多辆汽车陷入深坑，多名施工人员被困地下（图 2-8）。事故造成了风情大道路面坍塌 75m，下陷 15m，死亡 17 人，失踪 4 人，受伤 24 人。

案例二：2012 年 8 月 14 日，哈尔滨市南岗区辽阳街 90 号附近路面突然塌陷，4 名路人坠入 10m 深的大坑，最终 2 人抢救无效不幸遇难（图 2-9）。8 月 29 日，台风暴雨中的哈尔滨市街头再现"地陷门"，平整路面突现大黑窟窿，大坑最深处有 5m 左右。这是短短 20 天内，哈尔滨发生的第 9 起地面塌陷事故。"现在都不敢出门，担心走着走着就消失在路上。"一名哈尔滨市民接受《第一财经日报》采访时，仍心有余悸。

图 2-8　杭州地铁施工地面塌陷场景

图 2-9　哈尔滨路面塌陷场景

事故原因

1. 矿山地下水采空

地下采矿活动造成一定范围的采空区，使上方岩、土体失去支撑，从而导致地面塌陷。这种人为活动是采矿区地面塌陷的主要原因。我国已有许多矿区发生了这类地面塌陷，并产生了相当程度的危害。如山西省内8个主要矿务局所属煤矿区的地面塌陷已影响到数百个村庄、数万亩农田和十几万人正常生产和生活。

2. 地下工程中的排水疏干与突水作用

矿坑、隧道、人防及其他地下工程，由于排疏地下水或突水（突泥）作用，使地下水水位快速降低，其上方的地表岩、土体平衡失调，在有地下空洞存在时，便产生塌陷。这类人为活动对岩溶地面塌陷所起的作用极大，由此所产生的岩溶地面塌陷的规模和强度最大，危害最重。我国许多矿区、铁路隧道中岩溶地面塌陷均由这类活动所致。

3. 过量抽采地下水

对地下水的过量抽采，使地下水水位降低，潜蚀作用加剧，岩、土体平衡失调，在有地下洞隙存在时，也可产生地面塌陷。这种地面塌陷也多见于岩溶地区的塌陷中，并多发生在城市地区。

4. 人工蓄水

这不仅在一定范围内使水体荷载增加，而且使地下水水位上升，地下水的潜蚀、冲刷作用加强，从而引起地面塌陷。如广西南丹八圩水库引起的地面塌陷使库水全部漏失。

5．人工加载

在有隐伏洞穴发育部位上方的人工加载，也会导致地面塌陷的产生。如武汉中南轧钢厂料场的地面塌陷即由人工堆放荷载所致。

6．人工振动

爆破及车辆的振动作用也可使隐伏洞穴发育地区产生地面塌陷。如广西贵县吴良村因爆破产生的地面塌陷迫使全村迁移。

7．地表渗水

输水管路渗漏或场地排水不畅造成地表水下渗或化学污水下渗，也能引导起地面塌陷。如广西桂林第二造纸厂的地面塌陷即由该厂排放化学污水下渗所致。

自救对策

1．注意观察地面塌陷前兆

（1）井、泉的异常变化。如井、泉的突然干枯或浑浊翻沙，水位骤然降落等。

（2）地面形变。地面产生地鼓，小型垮塌；地面出现环形开裂；地面出现沉降。

（3）建筑物作响、倾斜、开裂。

（4）地面积水引起地面冒气泡、水泡、旋流等。

（5）植物变态、动物惊恐。微微可听到地下土层的垮落声。

2．发生地面塌陷时的应急措施

（1）视险情发展将人、物及时撤离险区。在发现前兆时即应制订撤离计划。

（2）塌陷发生后对临近建筑物的塌陷坑应及时填堵，以免影响建筑物的稳定。其方法是投入片石，上铺砂卵石，再上铺砂，表面用黏土夯实，经一段时间的下沉压密后用黏土夯实补平。

（3）对建筑物附近的地面裂缝应及时填塞，地面的塌陷坑应拦截地表水防止其注入。

（4）对严重开裂的建筑物应暂时封闭禁止使用，待进行危房鉴定后确定应采取的措施。

3．遭遇地面塌陷时的自救

（1）遭遇地面塌陷，易造成摔伤，坠落后不要急于起身，应先看看自己是四肢、腰部还是头部受伤。

（2）如果腰疼，千万不要随意乱动，因为腰椎骨折后如果随意活动，很可能造成关节脱位，严重时下肢可能瘫痪。

（3）应该尽快呼救，救人者也不宜随意背抱伤者，而是要用硬板将伤者抬到医院，或拨打120或110急救电话由专业医护人员救助。

（4）如果是上肢受伤，应在可以的情况下，尽量起身，用另一只可活动的手扶住受伤肢体，然后迅速拨打急救电话尽快就医。

（5）注意观察周围情况，避开头顶周围可能松动的石块，防止二次伤害。

特别提示

（1）路人在行走时，要注意观察，发现路面出现裂缝、塌陷、冒气等现象要及时避让。

（2）对已发生塌陷的地段，不要从塌陷边缘穿过（图 2-10）。

（3）对坠落地下的人员实施救援时，应做好救援人员的安全防护。

（4）对受伤人员的救助，要在医务人员的指导下进行。

图 2-10　不要从塌陷边缘穿过

四、行路中坠入窨井

窨井是用在排水管道的转弯、分支、跌落等处，以便于检查、疏通用的井，学名叫检查井。同理，埋设在地下的电讯电缆检查井、电力电缆检查井，也叫窨井。窨井也就是地下室的意思。窨井盖因丢失、损坏，给路人造成极大的伤害，被视为"马路杀手"，在各地受到了前所未有的关注（图 2-11）。

图 2-11　无盖窨井

案例回放

案例一：2012 年 7 月 23 日 8 时 50 分左右，乌鲁木齐市杭州东街与北京路人行道交叉口处，刚从公交车上下来的市民周先生突然"咚"地一声，掉进了窨井里，这是他 10 天来，第二次掉进这个窨井里了。周先生说，他住在附近，每天都乘公交车上班，7 月 13 日，他走得匆忙，脚踏在了这个井盖上，井盖一下子侧翻了，他落入井里，小腿被擦伤。"当时想着算我倒霉，我把井盖盖好，就匆匆走了，可没想到会再次掉进窨井。"

案例二：2009 年 3 月 18 日 17 时许，双流县东升镇百合路传来焦急的呼喊声。据目击者刘某回忆，当时他看见 1 名工人走着走着，忽然掉进路边一处窨井里，另外 3 名工人见状纷纷爬下井去。刘某赶紧趴在井边向下呼喊，起初井下还有人应答，后来井下什么声音都没有了。有路人猜测井下的人沼气中毒，于是立即报警。消防官兵赶到现场施救，有 3 人被救上来，均已昏迷，彭某不幸身亡。

事故原因

1. 窨井盖损坏未及时修复

2010 年 10 月 12 日傍晚，一处"张嘴"的窨井在乌鲁木齐市大湾北湾街附近再惹"祸端"。一对路过母子不慎坠入井盖被压碎的窨井，所幸周边行人热心施救，母子二人伤无大碍。附近的居民们说，这处窨井是当日下午 6 点多时，被过路车辆压碎了井盖。一个多小时后，这对母子便跌了进去。

2．窨井盖丢失、被盗未设警示

位于兰州市七里河区西津西路某 4S 店门前的人行横道上，窨井井盖不知何时被盗，虽然路面张了大口，但这并未引起关注。2010 年 3 月 12 日 10 时许，王先生途经此地，不慎踩空掉入井内，在路人的帮助下他被送往兰州市第一人民医院救治，医生诊断：脾破裂、失血性休克、右肋骨骨折、右肾挫伤。入院 19 天后，王先生脾脏被切除。经司法鉴定，王先生伤情构成 7 级伤残。

3．施工揭开窨井盖未设置警示标志

2010 年 9 月 1 日 23 时左右，上海市共和新路中兴路口上演惊险一幕。因路边施工揭开的窨井盖周围没有设置夜间警示灯，导致一名过路的外地游客不慎坠落至井中。来自江苏盐城的管先生一行 4 人，他们刚参观完世博会后坐出租车到共和新路口返回下榻的旅馆。下车后 4 人准备过马路，不料走在右侧的管先生一不留神踏空，突然坠入张开"大口"的窨井内，他立刻大喊救命，后被民警和消防人员救起。

4．小孩在窨井盖上蹦跳玩耍时踩翻井盖

2011 年 5 月 29 日 16 时 28 分，合肥市颍上路与铜陵北路交口附近安粮双景佳苑小区，7 岁杨某和胡某一起在小区内玩耍，当杨某跳在窨井盖上玩耍时井盖翻转，坠入窨井中。

5．窨井盖未盖好，行人不慎踩翻

2012 年 4 月 24 日 16 时 40 分左右，合肥市宁国路与桐城路香港步行街交口附近，魏女士不慎踩翻一处未盖好的窨井盖后坠入井

内。事发时魏女士跟女儿正准备开门上车，不料女儿刚一打开车门就听见母亲一声尖叫。魏女士把窨井盖踩翻了，瞬间掉入井内，而窨井盖顺势又反扣上，她便被困在下水道内，后来她的女儿把井盖用力掀开，可一个人很难将她妈妈拉上来。"快来人啊，帮帮我们"，听到有人呼救后，路人以及附近商户纷纷围上来，几人共同努力终于将魏女士救出（图2-12）。

图2-12　落入窨井场景

自救对策

（1）落入窨井时，要大声呼喊"救命"或弄出声响，以引起路人的警觉。

（2）及时拨打110、119、120急救电话求助，告知坠落情况，等待救援人员救助。

（3）坠落窨井后，不要急于挪动身体，先查看腰、腿等部位受伤情况，并告知救援人员，以便采取相应的急救措施。

（4）窨井内往往存在沼气等有毒气体，在窨井内闻到有异味气体时，应迅速用衣物遮住口鼻，将身体挪到井口处，以减少有毒气体的伤害。

（5）若骑自行车坠入无盖窨井，下坠时，抓住自行车，使全身悬在井壁内，不至于坠入井底，等待过路群众的救援。

（6）坠入下水道内，要及时浮出水面，紧紧抓住周围物体，不要让水流冲走。

特别提示

（1）发现窨井盖丢失或损坏，立即向有关部门报告，并用砖块等设置警示标志（图2-13）。

（2）行路时注意路面情况，对路面无盖的窨井或破损的窨井盖，不从上面走过。

（3）对覆盖不严的窨井盖，不要踩踏，绕开行走。

（4）在被雨水覆盖的路面上行走时，应手持木棍探步前行。

（5）不要在窨井盖上蹦跳玩耍。

（6）夜间行走时应有灯光照明，看清路面。

图 2-13　用砖块设置警示

五、行路遭遇高空坠落物伤害

随着高层建筑的增多，高空坠落物伤人的问题也摆到了人们的面前。高空坠落物伤人的事件不但时有发生，而且造成的伤害往往十分严重。因此，我们必须强化防范意识，

图 2-14　高空坠落物场景

避免此类事故的发生（图2-14）。

案例回放

案例一：2006年5月31日17时55分，一块10mm厚、小报大小的平板玻璃，突然从海德二路南侧人行道的上空意外坠下，砸中两名正在步行回家的小学生。事发地点位于深圳市南山区海德二路南侧人行道上，与旁边20多层的好来居住宅楼相距约10m。两名受伤小学生都是附近小学四年级4班的学生，事发时正顺着人行道西行，不幸遭遇了意外（图2-15）。南山警方及时赶来，将伤者转入医院救治，其中一个因伤势过重身亡。

图2-15 学生被砸场景

案例二：2009年1月25日（大年三十）是个喜庆的日子，可就在这天，家住青岛市南区台西三路的姜女士，却因为被一块从天而降的木板击中而永远闭上了眼睛。据姜女士家人介绍，农历腊月二十七下午，姜女士到团岛早市买年货，在回家的路上被一块飞来的木板砸中后脑，后来虽经医院全力抢救，但她最终还是在大年三十那天离开了人世。事发到现在，那块"肇事"木板的主人仍未找到。

事故原因

1. 玻璃、瓷砖坠落

固定玻璃的金属框架的膨胀系数大于玻璃，在温度发生较大变化时，玻璃的变化不及金属，就会因强力扭曲变形导致破裂。刮大风时由于外力的影响也会导致钢化玻璃爆裂（图2-16）。此外，使用单位在使用中基本不检测，平时基本上只是采取清洁表面的工作以作维护，至于玻璃本身质量问题根本无从知晓。外墙瓷砖使用时间长无人维护；空调室外机支架长期使用，支架已经锈迹斑斑无人维护，甚至个别还有些倾斜；遇到刮大风玻璃窗没关好等，这些都存在很大的安全隐患。

图 2-16　玻璃幕墙坠落

2. 住宅建筑坠落物

在现代寸土寸金的住房内，很多人希望可以充分利用有限的空间资源，在窗外搭个架摆盆花、挂个袋子放东西、晾晒衣物……类似这种建筑物外"添加物"现象非常普遍。走在市区街头，随意一抬头就可以看到居民楼的阳台上摆满了花盆、衣服等物品。这些物品摆放不牢靠，一旦起风就很容易坠落。

3. 广告幕墙建筑坠落物

在马路两侧、墙外、建筑物顶，现在的广告牌越来越多、做得越来越大，这些广告牌的支撑物都是钢铁，由于常年风吹日晒再加上无人维护必定会锈蚀严重，遇上刮风下雨天都存在着极大的安全隐患。

4. 建筑工地坠落物

建筑工地是高空落物伤人事件的频发区、重灾区，许多建筑单位由于安全意识不强、安全措施不得力、对施工人员岗前安全培训不到位，再加上施工人员自我安全防范意识差，存在侥幸心理，习惯性违章时有发生，最终导致恶性事故的发生。

自救对策

1. 遭遇高空坠落物的紧急处理

（1）找到掷物者，向当事人发出警告。

（2）当事人如未找到，物业公司发通知、公告，以警示掷物者避免再犯。

（3）对事故现场拍照存档。

（4）如果有人受伤，立即通知医务人员及公安机关，并保护好现场。

（5）对伤者做简单护理，等待医务人员到达。

2. 发生高处坠落伤害处理

当发生高处坠落事故后，抢救的重点放在对休克、骨折和出血上进行处理。

（1）发生高处坠落事故，应马上组织抢救伤者。首先观察伤者的受伤情况、部位、伤害性质，如伤员发生休克，应先处理休克。遇呼吸、心跳停止者，应立即进行人工呼吸、胸外心脏挤压。处于休克状态的伤员要让其安静、保暖、平卧、少动，并将下肢抬高约20°，尽快送医院进行抢救治疗。

（2）出现颅脑外伤，必须维持呼吸道通畅。昏迷者应平卧，面部转向一侧，以防舌根下坠或分泌物、呕吐物吸入，发生喉阻塞。有骨折者，应初步固定后再搬运。

（3）发现脊椎受伤者，创伤处用消毒的纱布或清洁布等覆盖伤口，用绷带或布条包扎。搬运时，将伤者平卧放在帆布担架或硬板上，以免受伤的脊椎移位、断裂，造成截瘫，导致死亡。抢救脊椎受伤者，搬运过程严禁只抬伤者的两肩与两腿或单肩背运。

（4）发现伤者手足骨折，不要盲目搬运伤者。应在骨折部位用夹板把受伤位置临时固定，使断端不再移位或刺伤肌肉、神经或血管。固定方法：以固定骨折处上下关节为原则，可就地取材，用木板、竹片等；在无材料的情况下，上肢可固定在身侧，下肢与腱侧下肢缚在一起。

（5）遇有创伤性出血的伤员，应迅速包扎止血，使伤员保持在头低脚高的卧位，并注意保暖。

特别提示

1. 居民注意事项

（1）如果您是高层住户，请您提示您的家人将窗台或露台上的物品放在屋内或者背风等较为安全的地方，避免高空坠下影响他人的人身及财产安全。

（2）请您告诫家人勿往窗外扔东西，养成良好的个人生活习惯。

（3）有吸烟习惯的业主，请您不要往楼下扔烟头，避免火灾的发生。

（4）如遇大风天气出行，请您尽量避开高大树木行走，以免发生危险。

2. 物业公司注意事项

（1）在多风天气，物业公司应及时了解天气信息，及时查看公共区域是否存在不安全隐患，关闭公共区域窗户，放倒可能因风大刮倒的物品。提醒业主出门关窗，避免阳台上放置的花盆等物被风刮落（图2-17）。

（2）在物业小区最经常出现的搁置物和悬挂物是阳台上的花盆、空调室外机等这类物品或设施，物业公司应及时提醒业主按照相关的要求来放置和安装。

图2-17　花盆坠落

（3）在物业公司进行高空维修、清洗外墙面等高空作业时，做好防护措施，防止物品不慎坠落，在作业工作期间竖立指示牌提醒路人绕道行走或安排专门人员引导行人。

（4）物业公司要做好设备设施的日常养护，避免发生公共区域设施如外墙皮、公共区域玻璃、窗户等物坠落造成对业主的伤害。

3

第三章 驾乘交通工具突发事件

交通工具是现代人生活中不可缺少的一部分。随着时代的变化和科学技术的进步，我们周围的交通工具越来越多，给每一个人的生活都带来了极大的方便。陆地上的汽车，地面、地下的列车，海洋里的轮船，天空中的飞机，大大缩短了人们交往的距离。在人们使用这些交通工具的同时，难免会发生交通事故，使人们遭遇险境。驾乘交通工具一旦遇险，如何正确应对，减少伤害，正是本章要介绍的内容。

一、公路交通突发事件

交通事故是"世界第一害"，而中国是世界上交通事故死亡人数最多的国家之一。从 20 世纪 80 年代末中国交通事故年死亡人数首次超过 5 万人至今，伤亡人数居高不下，已经连续十余年居世界第一。近年来道路交通事故伤亡及损失见表 3-1。

表 3-1　2001—2011 年伤亡及损失

年份	道路交通事故 /. 万起	死亡 / 万人	受伤 / 万人	直接财产损失 / 亿元
2001	75.500 0	10.600 0	54.900 0	30.90
2002	77.313 7	9.850 2	56.207 4	33.20
2003	66.750 7	10.437 2	49.417 4	33.70

年份	道路交通事故/万起	死亡/万人	受伤/万人	直接财产损失/亿元
2004	56.775 3	9.921 7	45.181 0	27.70
2005	45.025 4	9.873 8	46.991 1	18.80
2006	37.878 1	8.945 5	43.113 9	14.90
2007	32.720 9	8.164 9	38.044 2	12.00
2008	26.520 4	7.348 4	30.491 9	10.10
2009	23.835 1	6.775 9	27.512 5	9.10
2010	23.835 1	6.775 9	27.512 5	9.10
2011	21.081 2	6.238 7	25.407 5	9.30

据新华视点官方微博消息，2012 年 9 月 30 日至 10 月 7 日国庆长假期间，全国共发生道路交通事故 68 422 起，涉及人员伤亡的道路交通事故 2 164 起，造成 794 人死亡、2 473 人受伤，直接财产损失 1 325 万元。

（一）道路交通事故的类型

1. 按交通事故的现象分类

（1）车辆损坏事故。发生交通事故，车辆损坏是不可避免的。由于汽车在高速公路上行驶速度比较快、司机反应时间不足等原因，轻微的交通事故往往会导致车辆的连续追尾，从而导致更多车辆损坏和人员伤亡，使事故势态扩大。

（2）交通堵塞事故。高速公路上的事故，除了引发车辆追尾外，还有因对道路设施造成破坏、现场

图 3-1 交通堵塞

保护等候交警处理以及损坏车辆等原因，导致交通堵塞（图3-1）。

（3）人员伤亡事故。事故发生后，会造成一定人员的受伤，如果这些伤员不能得到及时的救护，会使其伤势加重，甚至导致死亡（图3-2）。

图3-2　人员伤亡

（4）火灾事故。在交通事故现场，由于车辆损坏后可能导致燃油的泄漏，另外，运输的货物如果是易燃和可燃物，这样往往会导致火灾事故的发生（图3-3）。

图3-3　引发火灾

（5）危险化学品泄漏事故。如果运输危险化学品的车辆发生事故，可能因危险化学品的泄漏，导致大量人员的中毒，以及火灾爆炸事故（图3-4）。

图 3-4　危险化学品泄漏

2. 按交通事故常见事由分类

（1）直行事故。市区非主要路口及边远郊区，由于没有安装红绿灯，直行车辆发生事故的概率较大，约占事故总数的30%（图3-5）。

图 3-5　车辆碰撞

（2）追尾事故。多发生在遇红灯急停车时由于前后车距过近而追尾，雨雾天气则更为常见，约占事故总数的13%（图3-6）。

图 3-6 追尾

（3）超车事故。快速车在超慢速车时与对面车相撞，或与突然横穿的行人、骑车人相撞，夜间超车时遇对向车眩目灯光，亦常造成此类事故，约占事故总数的 15％。

事故原因

1. 机动车驾驶人素质不高

驾驶人作为道路交通安全管理的基础和源头，其素质的高低直接决定了道路交通事故发生的多少。在现实中，驾驶员技术不高、处理问题能力不强，尤其是在紧急状态下如何正确采取果断措施等都影响交通安全。

2. 群众交通安全和交通法制意识淡薄

由于交通安全知识宣传教育面相对较窄，群众的交通安全知识普及程度较低，相当一部分交通参与者缺乏必要的交通安全常识，不遵守交通法规，随意行车走路现象十分普遍。

3. 道路交通设施不完善

由于道路基础设施的不完善，使得不同种类、不同车速的交通工具在同一断面内行驶，增加了交通事故发生的概率。如一些公路交通安全设施建设不完善，交通信号灯、交通标志、标线等必要的交通安全设施严重不足，不能及时对交通参与者进行警示、诱导。

4. 环境因素的影响

天气状况主要应考虑寒、暑、雪、雾恶劣条件的影响。雨、雪、露使路面变滑，驾驶员视线不清，不易驾驶；日光暴晒使容器压力升高发生超压爆炸，温度过高使危险品更易发生反应；地形可能影响车辆能否正常运行和司机视野，还影响到危险化学品泄漏后的流向。

（二）自驾车突发事件应急对策

案例回放

案例一：2004年5月11日23时20分，演员牛某（男，48岁）驾驶"奔驰"牌小客车，在北京市海淀区西直门外大街主路白石桥下由西向东行驶时，小客车前部撞在前方同方向行驶的河北省武邑县一司机驾驶的河北省"解放"牌大货车尾部，造成牛某当场死于车内，小客车严重损坏（图3-7）。经提取牛某血样，其每百毫升血液中酒精含量为205mg，牛某系醉酒驾车，大货车司机经检测无酒精反应。

图3-7 牛某交通事故场景

案例回放

案例二：2011 年 3 月 14 日凌晨，海南省海口市一辆宝马轿车由滨海大道自东向西行驶，此时，一辆车牌号为琼 C35061 的货车由丘海大道自北向南行驶，两车行至丘海大道及滨海大道交叉路口时发生剧烈碰撞，宝马轿车翻倒在人行道上，车辆的玻璃、车门等各种配件被严重破坏并散落一地，宝马轿车驾驶人钟某及车内同行 3 人当场身亡。经确认，钟某驾龄未满 1 年。

自救对策

1. 刹车失灵自救

（1）手刹制动。刹车失灵后，可用手刹来进行刹车，正确的方法是缓缓拉起手刹，分几次拉紧—松开—拉紧—松开的方法使车辆减速停下来。

（2）减挡制动。逐级或越级减挡，利用发动机制动作用控制车速，再松油门抬离合器，这时车辆会有一种急刹车般的感觉，然后再伺机挂入 1 挡，此时可以把电门关掉，利用发动机汽缸压缩的作用使车辆停车。

（3）紧急处置。如果是在一些下坡等危险路段出现刹车失灵，为防止险情进一步扩大，必要时可利用路边的沙泥堆、草堆、

图 3-8　自救车道

路沟、树林、岩石等障碍物给车辆阻力而停车（图3-8）。

2. 意外失火自救

（1）行车途中汽车突然起火，驾驶员应立即熄火、切断油和电源，关闭百叶窗和点火开关后，立即设法组织车内人员离开车体。

（2）若因车辆碰撞变形、车门无法打开时，可从前后挡风玻璃或车窗处脱身。

（3）当人身已经着火时，应采取向水源处滚动的姿势，边滚动边脱去身上的衣服，注意保护好露在外面的皮肤和头发。不要张嘴深呼吸或高声呼喊，以免烟火灼伤上呼吸道。

（4）离开汽车后，不要着急脱掉粘在烧伤皮肤上的衣服，大面积的烧伤可用干净的布单或毛巾包扎，如有可能尽量多喝水或饮料。

（5）没受伤的人员要尽快用灭火器、沙土、衣物或篷布蒙盖，扑灭初期火灾，但切忌用水扑救。若火势较大，应迅速撤离，以免发生爆炸伤人（图3-9）。

图3-9　汽车着火

3. 汽车翻车自救

（1）车辆倾翻时，应紧紧抓住方向盘，两脚勾住踏板，使身体固定，随车体旋转。

（2）熄火，这是最首要的操作。

（3）车辆停止后，不急于解开安全带，应先调整身姿。具体做法是：双手先撑住车顶，双脚蹬住车两边，确定身体固定，一手解开安全带，慢慢把身子放下来，转身打开车门。

（4）注意观察，确定车外没有危险后，再逃出车门，避免汽车停在危险地带，或被旁边疾驰的车辆撞伤。

（5）逃生时，如果前排乘坐了两个人，副驾人员应先出，因为副驾位置没有方向盘，空间较大，易出。

（6）如果车门因变形或其他原因无法打开，应考虑从车窗逃生。如果车窗是封闭状态，应尽快敲碎玻璃。由于前挡风玻璃的构造是双层玻璃间含有树脂，不易敲碎，而前后车窗则是网状构造的强化玻璃，敲碎一点整块玻璃就全碎，因此应用专业锤在车窗玻璃一角的位置敲打。

（7）如果车辆侧翻在路沟、山崖边上的时候，应判断车辆是否还会继续往下翻滚。在不能判明的情况下，应维持车内秩序，让靠近悬崖外侧的人先下，从外到里依次离开。否则，车辆产生重心偏离，会继续往下翻滚。

（8）如果车辆向深沟翻滚，所有人员应迅速趴到座椅上，抓住车内的固定物，使身体夹在座椅中，稳住身体，避免身体在车内滚动而受伤。翻

图3-10　车辆侧翻

车时，不可顺着翻车的方向跳出车外，防止跳车时被车体挤压，而应向车辆翻转的相反方向跳跃。若在车中感到将被抛出车外时，应在被抛出车外的瞬间，猛蹬双腿，增加向外抛出的力量，以增大离开危险区的距离。落地时，应双手抱头顺势向惯性的方向滚动或跑出一段距离，避免遭受二次损伤（图3-10）。

4．车辆落水自救

（1）汽车翻进河里，若水较浅，不能淹没全车时，应待汽车稳定以后，再设法从安全的出处离开车辆（图3-11）。

（2）汽车入水过程中，由于车头较沉，所以应尽量从车后座逃生。

（3）若水较深时，先不要急于打开车门和车窗玻璃，因为这时车门是难以打开的。此时，车厢内的氧气可供司机和乘客维持5～10分钟，应首先使儿童、老人和妇女的头部保持在水面上。若车厢内的水面大致相等、有空间时，应迅速用力推开车门或玻璃，同时深吸一口气，及时浮出水面。

（4）如果岸边无人救护，掉到水里的人神志清醒，应尽量采用仰卧位、身体挺直、头部向后，这样可使口、鼻露出水面，继续呼吸。如果是载有儿童的车辆，可手牵着手、牵着衣服、牵着脚，形成人链，一起脱离汽车逃出水面。

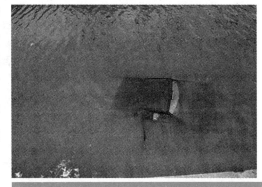

图3-11　车辆落水

5. 迎面碰撞自救

（1）交通事故中的迎面碰撞，受到致命危险的主要是司机。一旦遇有事故发生，当迎面碰撞的主要方位不在司机一侧时，司机应手臂紧握方向盘，两腿向前踏直，身体后倾，保持身体平衡，以免在车辆撞击的一瞬间，头撞到挡风玻璃上而受伤（图 3-12）。

（2）如果迎面碰撞的主要方位在临近驾驶员座位或者撞击力度大时，驾驶员应迅速躲离方向盘，将两脚抬起，以免受到挤压而受伤。

（3）根据相关数据证明，副驾驶位是最危险的座位，如果坐在该处的话，首先要抱住头部躺在座位上，或者双手握拳，用手腕护住前额，同时屈身抬膝护住腹部和胸部。

（4）后座最好的防护办法就是迅速向前伸出一只脚，顶在前面座椅的背面，并且在胸前屈肘，双手张开，保护头面部，背部后挺，压在座椅上。

图 3-12　车辆碰撞

6. 轮胎爆胎时自救

（1）发现轮胎漏气时，驾驶人应紧握方向盘，慢慢制动减速，极力控制行驶方向，尽快驶离行车道，修补或更换轮胎。

（2）高速行驶时若出现前轮爆胎，车辆会倾向爆胎那一边；如果是后轮爆胎，则车辆将可能会旋转。此时如果采取紧急制动，车辆可能向爆胎一侧滚翻。所以发现爆胎时，驾驶人应紧握方向盘，松抬加速踏板或制动踏板，千万不要紧急制动，极力控制行驶方向，必要时抢挂低速挡，平稳驶离行车道。

7. 转向失控时自救

（1）装有动力转向车辆，突然出现转向不灵或转向困难时，切不可继续行驶，应尽快减速，选择安全地点停车，查明原因。

（2）对于转向失控的车辆，最有效的控制方法是平稳制动。高速行驶的车辆在转向失控的情况下使用紧急制动，很容易造成车辆翻车。

（3）当车辆转向失控，行驶方向偏离，事故已经无可避免时，应果断地连续踩踏、松抬制动踏板，尽快减速，极力缩短停车距离，减轻撞车力度。

8. 车轮陷入泥坑自救

（1）车辆深陷泥坑，千万别踩大油门，这样可就更麻烦了，轮胎转得越快，陷得越深。

（2）应该将油门缓缓踩下，一旦汽车能前行或后退，则保持油门踏板位置不变，以低速开出泥泞路段。

（3）如果手边有工具的话，可以将车轮前后的泥土铲去，将泥坑修成缓斜坡状。如果坑里有水，应设法将水排出。这样，汽车就很容易开出来了。

（4）如果手边没有工具，试着往泥坑里填石块、砖头、树枝等，可以增加车轮与地面的附着力，使汽车开出泥坑。对前置后驱的汽车，可以尽量使汽车重心后移，增大后轮与地面的附着力，将汽车开出泥坑（图3-13）。

图3-13　车辆陷入泥坑

9. 高速公路紧急避险

（1）在高速公路上发生紧急情况，不要轻易急转方向避让，否则极易造成侧滑相撞或在离心力的作用下翻滚的事故。应首先采取制动减速，使车辆在碰撞前处于停止或低速行驶状态，以减小碰撞损坏程度。

（2）雨天在高速公路上行车，为避免"水滑"现象造成方向失控，应保持较低的车速。发生"水滑"现象时，应握稳方向盘，逐渐降低车速，不得迅速转向或急踩制动踏板减速。

（3）车辆在高速公路发生故障必须停车检查时，应逐渐向右变更车道至紧急停车带停车。停车后，立即开启危险报警闪光灯，在夜间还须开启示宽灯和尾灯，并在车辆后方150m处设立警示标志；驾驶人员不得滞留车内，应迅速转移至车辆右后侧护栏以外路边，并迅速报警等候救援。

（4）大雾天在高速公路遇事故不能继续行驶时，须开启危险报警闪光灯和尾灯，按规定设置警示标志，尽快从右侧离开车辆并尽量站在防护栏以外，驾乘人员不得在高速公路上行走。

（5）车辆在高速公路上行驶至隧道出口或山谷出口处，可能遇到横风，当驾驶人感到车辆行驶方向偏移时，应双手稳握方向盘，微量进行调整，适当减速。

10．人员受伤救助

（1）如果受伤者在车内，并且无法自行下车时，应尽快将其从车内移出。

（2）如果伤者在车行道上，应迅速将伤者拖离车行道，移动中要注意不要触及伤者要害部位和伤口。

（3）如果伤者由于暴力刺激大脑产生昏迷或由于天气炎热、寒冷、缺氧及各种原因中毒产生昏迷时，应立即进行抢救。

（4）如果发现受伤者无呼吸声音和呼吸运动时，应立即分秒必争地进行抢救。抢救的方法：抬起伤者下额角使呼吸畅通无阻，这种措施在很多场合下对恢复呼吸起很大作用。如果受伤者仍不能呼吸，那就要进行口对口人工呼吸，在做人工呼吸时，要使受伤者胸腔与上腹部有规律凸起，人工呼吸才起作用。如果人工呼吸不能起作用时，就要检查受伤者嘴和咽喉中是否有异物，并设法排除后，继续进行人工呼吸，直到专业救护人员赶到为止。

（5）失血伤者的抢救：如果受伤者失血过多时，将会出现失血性休克等症状，严重时会危及生命。因此，迅速准确地进行止血是有效抢救伤员的重要手段。处理失血主要是通过抬高四肢，压紧血管，扎紧绷带，扎住伤口等方法实现。

（6）骨折伤者的抢救：发生交通事故有人员骨折时，首先要注意防止伤员发生休克，不要移动身体的骨折部位。如果脊柱受损时，一般不要改变受伤者姿势，对具体骨折的部位，要小心用消毒胶片包扎，并按发生后的状态保持部位静止。在没有包扎用品的情况下，可就地取材对骨折部位进行固定，以减轻伤者痛苦，便于搬送，同时可以不加重断骨对周围组织的损伤，有利于伤肢功能的恢复。

特别提示

（1）机动车在紧急停车带内停车时，驾驶员必须立即开启危险报警闪光灯，并在行驶方向的后方50m以外设置故障车警示标志，然后，立即拨打122向交警报告。

（2）在高速路上需要紧急停车时，要将车辆行驶到紧急停车带，并在车辆后方150m处设立警示标志。

（3）发生交通事故后，车辆必须立即停下，关闭车辆的点火开关，钥匙要留在点火开关内，便于稍后移动车辆，还要检查车辆的手刹是否拉紧。

（4）在车祸现场不要吸烟，以免引燃油箱。

（5）当事人必须保护现场，其他人员不要在事故现场进行围观。

（6）汽车安全带就是在汽车上用于保证乘客以及驾驶员在车身受到猛烈打击时，防止乘客被安全气囊弹出受伤的装置，行车时必须系好安全带。

（三）乘坐长途客（卧铺）车突发事件应急对策

长途卧铺客运在国内兴起是改革开放之初市场禁锢被打破，人流、物流开始大流动的必然产物，也是当时铁路客运和航空客运不能满足需要，民用交通网络一时难以成网的必要补充。此外，长途卧铺客车的底层通常设有空间较大的货运"肚兜"，相对于坐火车与乘飞机，乘客可携带更多随车货物和行李。据统计，我国正在运行的卧铺客车有 3.7 万辆，占客运车总数不足 1%，但在 2004 ～ 2011 年，全国一次性死亡 10 人以上的道路事故中，卧铺客车占到了事故总数的 20%。尽管其安全性一直让人提心吊胆，但依然是众多长途乘客出行时的"无奈首选"。据公安部交通管理局统计，2011 年，全国发生的 27 起一次死亡 10 人以上道路交通事故中，涉及跨省长途客运车辆的有 8 起，在凌晨和午后疲劳驾驶多发时段发生的有 14 起，800km 以上超长途客运班线营运客车肇事约占重特大事故的 27.5%。超长途客车大多是卧铺客车。

案例回放

案例一： 2012 年 8 月 26 日凌晨 2 时 40 分许，包茂高速公路陕西省延安市境内安塞服务区附近，由北向南 K484+95m 处，发生一起卧铺客车与运送甲醇货运车辆追尾碰撞交通事故，引发甲醇泄漏起火，导致客车起火（图 3-14）。该车辆核载 39 人，实载 39 人，火灾造成 36 人死亡，3 人受伤。

图 3-14　包茂高速公路"8·26"交通事故场景

案例回放

案例二：2011 年 7 月 22 日凌晨 4 时，京港澳（G4）高速公路信阳明港段发生一起特大交通事故，一辆由山东威海开往湖南长沙的中型卧铺车发生火灾，车体全部着火，车上 47 名司乘人员只有 6 人逃出，其余 41 人罹难。事故车辆严重烧毁，只剩骨架（图 3-15）。据事故现场负责勘察的专家组人员称，事发客车可能携带易燃易爆危险品，并严重超载。据悉，这辆中型卧铺客车核载 35 人，实载 47 人。

图 3-15　京港澳高速公路"7·22"交通事故场景

事故原因

1. 疲劳驾驶

在多起长途客车交通事故中，驾驶员疲劳驾驶问题普遍存在。按照规定，驾驶员工作 4 小时就要休息，但有些驾驶员为利益考虑，往往疲劳驾驶。

2. 易发生侧翻

卧铺客车事故之所以高发，车辆本身难辞其咎。车内一般都有上下两层卧铺，车身比一般车座位高 30cm，由于车辆重心高，紧急情况下更易发生侧翻。

3. 疏散困难

卧铺车厢内多采用单门双通道设计，空间局促，疏散率比较低，突发状况时门窗不好开，这是事故中造成伤亡惨重的主要原因。

4. 监管不力

有关部门对卧铺客车实行监管措施不力是发生事故的原因之一，如未对卧铺客车强制安装车载视频装置，未强制落实凌晨 2 时至 5 时临时停车休息等。

自救对策

1. 保持清醒，设法逃生

（1）卧铺大巴通常有两道门，这是第一道逃生通道，车门的内外两边都有紧急放气阀，扭开它，用力推，车门就能打开。

（2）如果车辆损坏严重而无法打开车门，请千万记住：还有车窗和顶部通风窗。卧铺大巴通常有 1 ～ 2 个通风窗，有些需要按照指示标志将把手转动 90°，有些只需要向上用力撑开，就能将其打开。

（3）一般情况下，卧铺大巴车上至少有 4 ～ 6 个救生锤，挂在车窗附近（图 3-16），玻璃上有击打位置提示。在玻璃窗四角，用救生锤猛击，然后用手向外推开碎玻璃就能逃生。

（4）如果救生锤不够，普通铁锤、大件硬物甚至女士的高跟鞋底都能临时充当救生锤使用。

（5）客车发生侧翻或者仰翻一般是由于车辆失控引起的。一侧的车门或者车窗、天窗可能紧贴地面导致无法逃生，而散落翻乱的行李和人员也增加了行动的难度。此时乘客应手脚并用，抓住车内的硬件迅速设法摆正身体，从另一侧车窗、天窗和击碎后的挡风玻璃离开车辆。

（6）同时，由于翻车极可能引起油箱泄漏，逃生后应迅速疏散。

图 3-16　救生锤

2. 遭遇火灾，正确自救

（1）遮住口鼻。车上发生火灾，烟雾中有大量塑料燃烧产生的一氧化碳和其他有害气体，吸入后容易造成窒息而导致死亡。用毛巾或衣物遮掩口鼻，不但可以减少烟气的吸入，还可以过滤微炭粒，有效防止窒息的发生。当然，毛巾洒水后遮住口鼻，效果更好（图

3-17）。

（2）弯腰行进。车上发生火灾，因火势顺空气上升，在贴近地面的空气层中，烟害往往是比较轻的。此时千万不要"趾高气扬"，而是俯身弯腰行走，可以较好地规避烟尘，并且可以避免火焰直接灼伤。

（3）短暂屏气。车上发生火灾，由于空间狭小密闭，浓烟中一氧化碳的浓度很高，所以在冲出火灾现场的瞬间，屏气将助你安然摆脱火海。

（4）切忌喊叫。车上发生火灾，烟气的流动方向就是火焰蔓延的途径，烟雾会随着人的喊叫吸进呼吸道，从而导致严重的呼吸道和肺脏损伤。故在火灾现场不要大喊大叫，应保持沉着冷静。

（5）衣燃勿跑。当你冲出火海时发现衣服着火，此时切勿狂奔乱跑。奔跑后火焰会更大，而且还可能将火种播散，引发新的火灾。这时应当脱去燃烧的衣帽，如来不及可就地翻滚，压灭身上的火焰。

图 3-17　火灾逃生

3. 抢救伤员，注重安全

（1）做好充分的心理准备，切忌慌乱，听从指挥，不要因慌乱或只顾提取行李发生争先恐后、相互拥挤的现象，造成安全出口堵塞，延误自救逃生的宝贵时间。

（2）事故发生后不能只顾自己逃生，应采取相互救助、抢救伤员等应急措施，客车司机、随车人员应及时报警（交通事故报警电话：122；急救电话：120），讲明事故地点、灾情情况，留下电话号码以便进一步联系，等待救援。

（3）准确判断形势，在保证自身安全的情况下实施救援。车内人员要迅速组织分工，分头通知救护单位、设立警示标志，有急救经验的乘客要迅速开展对伤员进行抢救（图3-18）。

图 3-18　抢救伤员

特别提示

（1）卧铺车两排卧铺之间空隙的宽度不足50cm，在发生车祸时，这条不宽的过道就变成"生命通道"。所以切勿将行李堆放在过道中，一旦发生意外，行李挡住的可能是最后一丝求生希望。

（2）由于卧铺车重心较高，大件行李应该放置在行李舱内，尽量采取低重心的横放，并且紧贴车头一侧，有利于增加稳定性。

（3）抢救伤员时，有些伤员被卡在车内不能动弹，此时不能生拉硬拽，以防进一步伤害。对于卡在车内的伤员最好不要轻易移动，但对于出血伤员应该及时包扎止血。在救助伤者时应询问了解其意识是否清醒、有无活动能力、能否自行脱离等。移动伤员时应特别注意保护颈椎脊椎。在抢救伤员时，尤其应检查车内是否有儿童被行李压住或者跌倒在座位下方不易被发现。

（四）乘坐公交车突发事件应急对策

案例回放

案例一：2009 年 6 月 5 日 8 时 25 分许，成都市北三环附近一辆 9 路公交车发生燃烧，造成 27 人死亡、76 人受伤，其中有 4 名极危重伤员和 14 名危重伤员（图 3-19）。此案是一起特大故意放火刑事案件，犯罪嫌疑人张云良已当场死亡。

图 3-19　成都"6·5"公交火灾场景

案例回放

案例二：2011年3月24日9时7分，在兰新线乌鲁木齐至二宫间K1886+550m处，一辆531路公交车突然失去控制，冲破铁路防护栅栏，冲入路轨，落入铁路线内，与正在行驶的7553次市郊旅客列车相撞（图3-20）。事故造成3人死亡，85人受伤。

图3-20 乌鲁木齐"3·24"公交车事故场景

事故原因

1. 自然条件因素的影响

在风、雪、雾等恶劣气候条件下致使道路状况恶化、视线不良等容易造成交通事故。在遇到较为严重的自然灾害如地震、积水、暴风雨等致使车辆失去控制则更容易造成行车事故。

2. 道路状况不良

道路状况不良是导致交通事故的潜在因素。道路状况的优劣主要指道路的线形，曲线半径的大小，道路的坡度和路面宽度，路基和路面等。

3. 缺少道路安全措施

道路的安全措施主要指交通标志、信号、路面标线、照明、安全岛、安全护栏、隔离栏栅等。在急弯、窄路、陡坡、交叉路口和铁路道口等应设置警告标志，在禁止超车处、禁止掉头处、禁止鸣笛处等应有相应的禁令标志。对于限重、限速、限高、限宽处也应有明确的限令标志。应有的交通标志和设施而没有或不全容易造成行车事故。

4. 车辆技术性能不好

车辆的技术性能主要指车辆的结构、性能、强度等。经常出现故障的关键部位和系统主要有制动系统的转向系统。这些关键部位如出现故障常常会造成行车事故。

5. 驾驶人员的违章驾驶和精神不集中

驾驶人员的违章作业常常是造成交通事故的主要成因。如在不应该或不允许超车的地方强行超车，或超车不提前鸣笛，前车尚未示意让路就超车等。

行车过程中精神不集中也是造成交通事故的重要因素，如有驾驶人员因家庭、工作等不顺心而思虑，因受某种刺激而过度兴奋或沮丧；在行车吸烟、吃东西与坐车的人谈笑或听收录机，有的因轻车熟路而麻痹大意等都能使驾驶人员精力分散，致使观察失真或不认真观察而造成事故。

6. 公交车自燃

（1）线路老化引发公交车自燃起火。在没有任何先兆的情况下，公交车突发的自燃事故多为线路故障而引发的。由于公交车的使用年限一般比较长久，容易发生电源线路老化、短路等现象，从而引起公交车自燃起火。

（2）燃油泄漏引发公交车自燃起火。燃油泄漏是引起公交车自燃的重要原因。汽油滤清器多安装于发动机舱内，而且距离发动机缸体以及分电器很近。一旦燃油出现泄漏，混合气达到一定的浓度，加之有明火出现，自燃事故就不可避免。

自救对策

1. 利用车门逃生

（1）如果车门打开了要马上从车门逃走，如果要冲过一段有火的路程，那一定要用衣服等布物蒙住头，最重要的是蒙住嘴和鼻子。

（2）若驾驶操作台打不开安全门，紧急情况下，可扳动公交车门上方红色的应急开关，车门就会快速打开（图3-21）。

图 3-21　利用车门逃生

2. 敲破玻璃逃生

（1）公交车的玻璃都是钢化玻璃，拳打脚踢不能将其打破，否则就不会有"安全锤"这个小物件了。通常钢化玻璃抗压是普通玻璃的5倍，并且抗高温。最好的办法是用安全锤或钳子、扳手等敲打玻璃的边缘和四角，一旦玻璃有了裂痕，再多敲几下就可以了。

（2）钢化玻璃的中间部分是最牢固的，四角和边缘是最薄弱的。

如果没有安全锤，女性的高跟鞋也是个很好的工具，把鞋跟抢起来使足了力气砸，越细的鞋跟越好使用。

（3）万不得已的情况下，可用脚后跟踹开玻璃窗逃生。踹玻璃的正确方法为：两只手抓住车内的行李架，一只脚猛踹玻璃中间。但这样踹容易使脚踝受伤，踹时要注意用脚的后跟部（图3-22）。

图 3-22　打碎玻璃逃生

3．利用天窗逃生

车顶的换气天窗，也是逃生通道。车顶至少有一个换气窗，其实这也是预留的逃生通道，乘客可以推开这个天窗逃生。从高处跳窗时要事先观察地形，安全毕竟是第一的（图3-23）。

图 3-23　利用天窗逃生

4．迅速离开车体

客车火灾发展很快，别相信自己的能力，保命是第一的，绝不要寻找物品。逃出来以后离车越远越好，因为车上大都是易燃物品，火势蔓延很快，爆炸或是高温都会使人受伤（图3-24）。

图 3-24　迅速离开着火车辆

5．及时扑灭身体火

如果衣服着火了，一定要把衣服脱下来用脚将火踩灭或是在地上打滚把火压灭，切忌着火乱跑，火遇到了空气会燃烧得更厉害。乘客之间可以用衣物拍打灭火，或脱下自己的衣服或其他布物，将他人身上的火捂灭。公交车还配有灭火器，位置一般在驾驶座后部和车身中间，如果乘客衣服被点着，来不及脱衣服，可以用灭火器向着火人身上喷射，但切忌喷射人的面部。

给女孩子们一个建议，如果遇到了火灾时脱掉你美丽的丝袜也是必要的，丝袜极易燃烧，稍有火星或火苗就可能形成人体火，造成伤害。

6．预防中毒

车上出现火灾，烟雾中有大量一氧化碳和其他有害气体，乘客要用毛巾或衣物遮掩口鼻，减少烟气的吸入，防止窒息（图3-25）。在贴近地面的空气层中，烟害往往是比较轻的，要俯身低姿，可以较好地规避烟尘并且可以避免火焰直接灼伤。

图 3-25　预防中毒

7．做到有序逃生

车上乘客男女老幼都有，有序逃离至关重要。如果起火，千万别挤在门口。如果你靠近门边，可以协助司机使用应急开关打开车门。如果车门打不开，年轻力壮的男乘客可以使用安全锤，帮助大家从车窗逃生。同时女乘客可以安抚老人和小孩。由于车上人多，司机、售票员和乘客特别要保持冷静果断，首先应考虑救人和报警。司机、售票员密切配合，打开车门，拧开门泵放气开关，切断电源，监视着火部位，有序组织逃生和扑救火灾（图 3-26）。

图 3-26　有序逃生

特别提示

（1）先行逃离的乘客应协助司机，在门边或者窗边进行疏导和保护，帮助从车窗逃生的其他人员，特别是老人、小孩以及妇女，防止在跳窗逃生时，发生二次伤害。

（2）当逃生通道打开时，大家千万不要拥挤，也不要急着冲出车外。因为万一车外有其他车经过，容易造成二次伤害。

（3）逃生时应让老人、小孩先行离开。

（4）在使用灭火器时，周围人员应尽量远离，因为喷溅物也容易伤人。

（5）要在确保自身安全情况下扑救火灾，火势太大无法控制的应远离现场。

（6）若公交车失火危及周围群众或会引起更大灾害时，在灭火的同时，必须将公交车驶至安全区域，应采取措施隔离火场，以防火焰蔓延，减少损失。

（五）校车突发事件应急对策

校车是用于运送学生往返学校的交通工具。乘坐校车的主要是中、小学学生或幼儿园的孩子，均为未成年人，一旦发生交通事故，极易造成伤害。应加强对未成年人的交通安全教育，提高安全自救能力，减少伤害。

案例回放

案例一：2011 年 12 月 12 日 18 时许，江苏省徐州市丰县首美镇发生一起校车侧翻事故。首美小学学生所坐的这辆车为租用社会公交车辆，核坐 52 人，实坐 48 人。车辆因故翻入河中，事发时有 29 人落水，10 余人重伤送医院抢救，共造成 15 名学生死亡（图 3-27）。

图 3-27　江苏"12·12"校车侧翻事故场景

案例回放

　　案例二：2011 年 11 月 16 日 9 时 40 分许，甘肃省庆阳市正宁县榆林子镇发生一起重大交通事故，一辆车号为陕 D—72231 的大翻斗运煤货车与一辆榆林子镇幼儿园校车迎面相撞。该校车核载 9 人，实载 64 人（司机、幼儿园教师各 1 人，幼儿 62 人）。事故造成 21 人死亡，其中幼儿 19 人，另有 43 人受伤，重伤 11 人（图 3-28）。

图 3-28　甘肃"11·16"校车碰撞场景

事故原因

　1. 校车存在不少安全隐患

　　现在校车运营模式有自营和租用两种，而租用的数量远远超过自营。租用的车辆几乎都来自租车公司，但租车公司规模大小不一，报价不同，资质更是参差不齐。规模小、资质差的公司抵御风险的能力就会弱些。

2．超载现象严重

"超载"似乎已经成为私立幼儿园的行业潜规则，为了节省成本，幼儿园常常仅用一辆中巴车尽可能地多装学生，孩子们像沙丁鱼罐头一样挤在一起。2011 年 6 月浙江宁波民警曾查获一辆当地某幼儿园的校车，该车额定载客人数为 19 人，实际载客 75 人，其中 72 名为学龄前儿童。

3．幼儿园孩子被遗忘在车内

通常，负责在校车接送幼儿的老师会在开车前点一遍人数，下车后再核对一遍人数。一旦疏忽，便容易发生闷死幼儿的悲惨事件。2011 年 9 月 13 日，湖北省荆州市荆州区紫荆花幼儿园 2 名幼儿被遗忘在校车内一天，当日下午放学被人发现时，已在车内身亡。

4．司机素质不高

司机的职业道德不高，没有尽职尽责，没有把车上的孩子当成自己的孩子。

自救对策

家长和老师平时应该教孩子一些基本的自救方法，如果孩子不幸被困校车，应知道如何自救。

1．汽车掉水里，两个时间段是自救"黄金点"

汽车落水后自救的最佳时机有两个：一是车辆刚落水的第一时间；二是车厢全部充满水，里外水压一样时。

如果是在密闭车窗的情况下落水，水不可能一下子灌满车厢。一般来说车辆落水的短时间内蓄电池还能继续使用，这时候可以启动门窗升降系统，把车窗先打开一部分，让水先进入车内，等车内外的水压平衡后，再把门窗全部打开。

如果车门窗已经无法电动或手动打开，剩下的办法就是尽可能找出铁锤之类的尖锐器械，把侧窗玻璃敲开。敲玻璃时是有技巧的，可以尝试敲打玻璃的四个角，那里最脆弱。

2. 冲出路面时，按次序下车不要乱动

汽车冲出路面千万不要惊慌乱动，应等驾驶员把车子停稳之后，再按次序下车，以免造成翻车事故（图3-29）。

不要让坐车者在车身不稳时下车。前轮悬空时，应先将前面人员逐个接下车；后轮悬空时，则应先让后面的人员逐个下车。车上的人一定要沉着稳定。汽车冲下路基时，首先应使车子保持平衡，防止翻车；其次切断汽车电路，防止漏油发生火灾。

汽车冲出路面发生翻滚时，乘车人员在意识丧失以前，应双手紧握并紧靠后背；驾驶员可紧握方向盘，与车子保持同轴滚动。

图 3-29　按次序下车

3. 被困车中时，爬到司机位使劲按喇叭

据了解，有的车子在熄火后，按喇叭也会响，只要有一丝希望，都不要错过。当被困车内时，乘客应爬到司机位，使劲按方向盘的喇叭，响声能引起人们的关注，这样就会有人来营救。

即使有的车在熄火后按喇叭不会响，但是至少车前面的挡风玻璃透明度好，爬到前面容易被人发现。

另外，家长应该在小孩的书包里备一瓶水，让孩子在被困时候能喝水降温。

4. 发生撞车时，两脚一前一后向前蹬

如果撞车已不可避免，为了减速，可冲向能够阻挡的障碍物。较软的篱笆比墙要好，它们可使你逐渐减速直至停车。

后座的人最好的防护办法是迅速向前伸出一只脚，顶在前面座椅的背面，并在胸前屈肘，双手张开，保护头面部，背部后挺，压在座椅上。

车祸时，也可迅速用双手用力向前推扶手或椅背，两脚一前一后用力向前蹬。

5. 汽车起火时，3 分钟灭不了就要远离

当汽车发动机发生火灾时，驾驶员应该马上熄火，迅速停车，让乘车人员打开车门自己下车，然后切断电源，取下随车灭火器，对准着火部位的火焰正面猛喷，扑灭火焰（图 3-30）。如火势较大，3 分钟灭不了就要远离，以防止爆炸伤人。

图 3-30　扑灭初期火灾

6. 车辆翻车，将身体蜷缩随车翻转

如果出现车辆翻车的情况，应双手紧紧抓住前排座位或扶杆，用手抱头，用胳膊夹住两肋，将身体蜷缩，使身体夹在座椅中，利用前排座椅靠背或两手臂保护头面部，尽量稳定身体，随车翻

转（图 3-31）。

一般情况下，乘客不要盲目跳车，应在车辆停下后再陆续撤离；但如果车辆翻滚的速度比较慢，可抓住时机跳出车厢，注意应向车辆翻转的相反方向跳跃。落地时，应双手抱头顺势向惯性的方向滚动或奔跑一段距离，避免遭受二次损伤。

图 3-31　保护头部

特别提示

（1）车内进水后，被困人员应尽量保持情绪稳定，尽可能想办法将面部贴近车顶，确保可以呼吸。

（2）逃生过程中切勿奔跑，尤其是在烟雾和明火越来越大的情况下，因为奔跑会加速空气对流，导致引火烧身。

（3）逃生时注意用书包、衣物等挡住口鼻，避免高温空气吸入口腔、鼻腔，造成烟火灼伤上呼吸道。

（4）如果有火苗蹿至身上，也不必慌张，此时可以将着火衣物脱下，或者翻滚压灭身上火焰。

（5）在走出车门前，要仔细看看左右是否有通行的车辆，千万不能急冲猛跑，以免被两边的车撞倒。下车后不要急于从自己所乘车辆的前面或后面穿越横过马路，等车驶离后再过马路。

二、铁路交通突发事件

铁路交通遇险是指人们在乘坐列车时，机车车辆在运行过程中发生碰撞、脱轨、火灾、爆炸等事故，使乘客遭遇被困、伤亡等险情。铁路发生交通事故，易造成重大伤亡。

案例回放

案例一：2011 年 7 月 23 日 20 时 30 分左右，北京南站开往福州站的 D301 次动车组列车运行至甬温线上海铁路局管辖区内永嘉站至温州南站间双屿路段，与前行的杭州站开往福州南站的 D3115 次动车组列车发生追尾事故，后车四节车厢从高架桥上坠下（图 3-32）。这次事故造成 40 人（包括 3 名外籍人士）死亡，约 200 人受伤。

图 3-32　甬温 "7·23" 动车追尾事故场景

案例回放

　　案例二：2008年4月28日凌晨4时41分，北京开往青岛的T195次列车运行到胶济铁路周村至王村之间时脱线，与上行的烟台至徐州5034次列车相撞（图3-33）。事故造成70人死亡，416人受伤。

图3-33　胶济铁路"4·28"列车相撞场景

事故原因

　　人为破坏、人畜违章进入行车安全区域、机动车抢越道口、行车设备损坏、自然灾害等原因都可造成列车停车、冲撞、脱轨甚至颠覆等灾难性事故。

　　1．地质灾害

　　地质灾害是指在自然或者人为因素的作用下，因崩塌、滑坡、泥石流、地裂缝等对铁路列车造成的事故。

　　2．气象灾害

　　气象灾害是指大气对铁路列车造成的灾害，如暴雪，洪水等。

3. 人为因素

人为因素是指人的行为对铁路列车造成的事故。如旅客和乘务人员吸烟，乱扔烟头引起火灾；旅客携带或在行李中夹带易燃、易爆及其他危险品上车引起火灾；列车工作人员操作失误等引起的事故。

4. 交通事故

在铁路道口因车辆、人员冲卡导致碰撞事故。

自救对策

1. 脱轨或碰撞时的应对

列车脱轨如图 3-34 所示。

（1）若座位不靠近门窗，应留在原位，抓住牢固的物体或者靠坐在座椅上。低下头，下巴紧贴胸前，以防头部受伤；若座位接近门窗，就应尽快离开，迅速抓住车内的牢固物体。

（2）面向行车方向坐厢，马上抱头屈肘伏到前面的坐垫上，护住脸部，或者马上抱住头部朝侧面躺下。

（3）背向行车方向坐厢，马上用双手护住后脑部，同时屈身抬膝护住胸、腹部。

（4）在通道上坐着或站着应该面朝行车方向，两手护住后脑部，屈身蹲下，以防冲撞和落物击伤头。如果车内不拥挤，应该双脚朝着行车方向，两手护住后脑躺在地板上，用膝盖护住腹部，用脚蹬住椅子或车壁，同时提防被人踩踏。

（5）在厕所应坐到地板上，背靠行车方向的车壁，双手抱头，屈肘抬膝护住腹部。

图 3-34　列车脱轨

2．发生火灾时的应对

旅客列车每节车厢长 20 多米，一列火车少则近 10 节车厢，多则近 20 节车厢。所以，如果行驶中有一节车厢着火，便会前后左右迅速蔓延形成一条火龙。列车中火灾的逃生方法如下。

（1）保持冷静。列车发生火灾，不要慌乱，更不能盲目地乱跑乱挤或开窗跳车。从高速行驶的列车跳下不但可能摔伤，而且在开窗的同时会造成风助火势，使得本来可以控制的小火变大。

（2）疏散人员。列车发生火灾时，乘务员应迅速扳下紧急制动闸，使列车停下来，并组织人力迅速将车门和车窗全部打开，帮助未逃离着火车厢的被困人员向外疏散（图 3-35）。如果情况紧急，一时

图 3-35　疏散人员

找不到工作人员，旅客可以先就近取灭火器实施灭火或者迅速跑到车厢两头连接处，或车门后侧拉动紧急制动阀（顺时针用力旋转手柄），使列车尽快停下来。

（3）扑灭火灾。火势较小时，不要开启车厢的门窗，以免新鲜空气的进入加速火势的蔓延。列车以每小时 65km 的时速行进时，每个车窗的进风量相当于一台 350W 的吹风机。因此，关闭窗户可以减缓火灾燃烧速度，为乘客逃生赢得宝贵的时间。此外，乘客应该自觉地协助列车工作人员利用列车上的灭火器材实施扑救。同时，有秩序地从座位中间的人行过道，通过车厢的前后门向相邻车厢或外部疏散。

（4）分离车厢逃生。火势如果已经威胁到相邻的车厢，应该及时采取车厢摘钩措施。如果是列车前部或中部车厢起火，首先应停车，摘掉起火车厢与后部未起火车厢之间的挂钩，列车继续前进一段距离后，再停下来，摘掉起火车厢，继续前进至安全地带。这样就将起火车厢与前后部的未起火车厢完全隔离开来。后部车厢起火时，停车后先将起火车厢与未起火车厢之间连接的挂钩摘掉，然后用机车将未起火的车厢牵引到安全地带。

（5）利用车厢的窗户逃生。旅客列车车厢内的窗户一般为70cm×60cm，装有双层玻璃。在发生火灾情况下，被困人员可用坚硬的物品将窗户的玻璃砸破，通过窗户逃离火灾现场。如果车厢内火势比较大，应等列车停稳后，打开车窗或者用坚硬的物品击碎车窗玻璃从车窗逃生（图 3-36）。

图 3-36　击碎车窗逃生

（6）利用车厢前后门逃生。旅客列车每节车厢内都有一条长约
20m、宽约 80cm 的人行通道，车厢两头有通往相邻车厢的手动门
或自动门，当某一节车厢内发生火灾时，这些通道是被困人员利用
的主要逃生通道。当列车发生火灾时，被困人员可以通过各车厢互
连通道逃离火场（图 3-37）。通道被阻时，可用坚硬的物品将玻璃
窗户砸破，逃离火场。因为列车运行中，火受风影响向列车后部
蔓延，所以疏散时应避开火势蔓延的方向。

图 3-37　从车厢前后门逃生

（7）预防中毒。车厢内浓烟弥漫时，乘客应用湿毛巾、口罩、随身衣物捂住口鼻，并尽量低姿行走，防止吸入大量有毒气体而窒息。

特别提示

（1）在发生事故后离车避难时，要避免接触电线。

（2）火车出轨后仍行驶时，不要跳车，否则身体会以全部冲力撞向路轨。

（3）火车停下后，如果条件允许，要在原地等待救援人员。如果环境闭塞，要与周围人共同设法将遇险的信息传递出去。

（4）当起火车厢内的火势不大时，不要开启车厢门窗，以免大量的新鲜空气进入后，加速火势的扩大蔓延。

（5）火灾初起阶段，列车乘务人员应组织乘客利用列车上灭火器材进行扑救，还要有秩序地引导被困人员从车厢的前后门疏散到相邻的车厢。

（6）当车厢内浓烟弥漫时，旅客应采取低姿行走的方式逃离到车厢外或相邻的车厢。

（7）当车厢内火势较大时，应尽量破窗逃生。

（8）采用摘挂钩的方法疏散车厢时，应选择在平坦的路段进行。对有可能发生溜车的路段，可用硬物塞垫车轮，防止溜车。

三、地铁突发事件

地铁是现代化城市立体交通网络的重要组成部分，因其运量大、快速、正点、低能耗、少污染、乘坐舒适方便等优点，常被称为"绿色交通"，越来越受到人们的青睐。地铁车站及地铁列车成为人流密集的公众聚集场所，一旦发生爆炸、毒气、火灾等突发事件，人员安全及疏散问题十分严峻，社会影响力非常巨大。

案例回放

案例一：2011 年 9 月 27 日 14 时 10 分，上海地铁 10 号线因信号设备发生故障，交通大学站至南京东路站上下行期间采用人工调度的方式。14 时 51 分，在豫园往老西门方向的区间隧道内发生了 5 号车追尾 16 号车的事故。事故中共有 271 人受伤，没有造成人员死亡（图 3-38）。

图 3-38　上海地铁"9·27"追尾场景

案例回放

案例二：1995年10月28日阿塞拜疆首都巴库地铁发生火灾，造成558人死亡，269人受伤；1999年10月，韩国汉城地铁发生火灾事故，造成55人死亡；2003年2月18日韩国大邱市地铁发生人为纵火案，造成198人死亡，146人受伤，289人失踪（图3-39）。

图3-39 韩国大邱"2·18"地铁火灾场景

事故原因

1. 人员因素

（1）拥挤。例如，2001年12月4日晚，北京地铁一号线一名女子在站台上候车，当车驶入站台时，被拥挤人流挤下站台，当场被列车轧死。又如，1999年5月在白俄罗斯，也因地铁车站人员过多，混乱而拥挤，导致54名乘客被踩死。

（2）不慎跌落和故意跳入轨道。长期以来，因人员跳入地铁轨道，造成地铁列车延误的事件屡次发生，短的一两分钟，长则三五分钟。而地铁列车一旦受到影响，不能正点行驶，势必影响全局，就需全线进行调整。不仅影响当事列车上的乘客，而且使整条线路甚至其他轨道交通线路上的乘客都可能被延误。

（3）工作人员处理措施不得当。例如，韩国大邱市地铁2003年那场大火中，地铁司机和综合调度室有关人员对灾难的发生就有着不可推卸的责任。前方车站已经发生火灾后，另一辆1080号列车依然驶入烟雾弥漫的站台，在车站已经断电、列车不能行驶的情况下，司机没有采取任何果断措施疏散乘客，却车门紧闭，而且仍请示调度该如何处理。更不可思议的是，在事故发生5分钟后，调度居然还下达"允许1080号车出发"的指令。

2．车辆因素

（1）导致地铁列车事故的主要因素是列车出轨。例如，英国伦敦地铁，2003年1月25日，一列挂有8节车厢的中央线地铁列车在行经伦敦市中心一地铁站时出轨并撞在隧道墙上，最后3节车厢撞在站台上，32名乘客受轻伤。同年9月，一列慢速行驶的地铁列车在国王十字地铁站出轨，并导致地铁停运数小时。又如，2000年3月在日本发生的日比谷线地铁列车意外出轨，造成了3死44伤的惨剧。再如，美国2000年6月，发生一起地铁列车意外出轨，当时有89位乘客受伤。

（2）其他车辆因素。例如，2003年3月20日，上海地铁三号线闸门自动解锁拖钩故障，停运1个多小时。又如，2002年4月4日，上海地铁二号线因机械故障车门无法开启，停运半小时。

3．轨道因素

2001年5月22日，台北地铁淡水线士林站附近轨道发生裂缝，地铁被迫减速，并改为手动驾驶，10万旅客上班受阻。

4. 供电因素

例如，2003年7月15日上海地铁一号线莲花路到莘庄的列车突然停电，被迫停运62分钟。经查明，是由于地铁牵引变电站直流开关跳闸，列车蓄电池亏电过量，才致使列车无法正常启动的。又如，2003年8月28日，英国首都伦敦和英格兰东南部部分地区突然发生重大停电事故，伦敦近2/3地铁停运，大约25万人被困在伦敦地铁中。

5. 信号系统因素

2003年3月17日，上海地铁一号线信号控制系统突然发生故障，停运8分钟。2003年2月14日，上海二号线中央控制室自动信号系统发生故障，停运20分钟。

6. 社会灾害

地铁车站及地铁列车是人流密集的公众聚集场所，一旦发生爆炸、毒气、火灾等突发事件，会造成群死群伤或重大损失，严重地影响了社会秩序的稳定。近年来世界各地地铁接连不断地发生爆炸、毒气、火灾等社会灾害。例如，1995年3月20日日本东京地铁曾经遭受邪教组织"奥姆真理教"施放沙林毒气，夺走了十多条人命，5 000多人受伤，引起全世界震惊。又如，2004年2月6日莫斯科地铁的爆炸及大火夺去了40人的生命，上百人受伤。

自救对策

1．发生初期火灾，及时疏散与撤离

1）在列车上

（1）列车上发生火情时，乘客可迅速将列车上紧急对讲装置的塑料护板打碎，按下红色按钮后，与列车司机对话。

（2）利用车厢内的灭火器进行灭火自救。

（3）如果火势蔓延，乘客应先行疏散到安全车厢。

（4）如果列车无法运行，需要在隧道内疏散乘客，此时乘客要在司机的指引下，有序通过车头或车尾疏散门进入隧道，或通过打开的疏散平台往临近车站撤离（图3-40）。

图 3-40　从车头疏散

（5）乘客切勿有拉门、砸窗跳车等危险行为。不要因为顾及贵重物品，而浪费宝贵的逃生时间。

（6）列车行驶至车站时失火，要听从车站工作人员统一指挥，按照车站的疏散标志指示方向疏散。如果火灾引起停电，可按应急灯指示标志有序逃生，并注意朝背离火源方向逃生。

2）在车站内

（1）利用车站站台墙上的"火警手动报警器"或直接报告地铁

车站工作人员。

（2）在有浓烟的情况下，用湿衣或毛巾捂住口鼻，防止烟雾进入呼吸道，贴近地面弯腰低姿疏散到安全地区（图3-41）。

（3）要注意朝明亮处，迎着新鲜空气跑。遇火灾不可乘坐车站的电梯或扶梯。

图 3-41　站台疏散

2. 地铁故障，切勿跳轨，防触电

（1）依照指示从列车紧急出口疏散或从打开的车门、疏散平台疏散。

（2）疏散时大件物品行李请留在车上，以免阻碍疏散。

（3）切勿擅自跳下轨道，以防触电，穿高跟鞋的乘客需脱鞋以免扭伤。

（4）请在指定线路上行走，不可走到其他线路上或隧道内；沿站台末端梯级进入站台。

3. **车厢停电，不可扒门进入隧道**

（1）站台停电时，应在原地等候，不要惊慌。站台将随即启动事故应急照明灯。即使照明不能立即恢复，正常驶入车站的列车将暂停运行，利用车内灯光为站台提供照明。

（2）列车在运行时遇到停电，乘客千万不可扒门离开车厢进入隧道。即使全部停电后，列车上还可维持45分钟到1小时的应急通风。

（3）列车在隧道中运行时遇到停电，乘客应听从指挥，顺次按指定车站或方向疏散（图3-42）。

（4）乘客如果在站台上，通过收听站内广播，确认大规模停电后，应迅速就近沿着疏散向导标志或在工作人员的指挥下，抓紧时间离开车站。

图 3-42　隧道疏散

4. 遭遇毒气侵袭，用衣物纸巾捂口鼻

（1）确认地铁里发生了毒气袭击时，应当利用随身携带的手帕、餐巾纸、衣物等用品堵住口鼻、遮住裸露皮肤，如果有水或饮料，请将手帕、餐巾纸、衣物等用品浸湿（图3-43）。

（2）迅速朝远离毒源的方向撤离，有序地撤到空气流通处或毒源的上风口处躲避。

（3）如果乘客发现可疑物品，应立即报告工作人员，切勿自行处置。

（4）到达安全地点后，立即用净水清洗身体裸露部分。

图3-43 预防中毒

5. 掉下站台，紧贴墙壁以免刮倒

（1）如果乘客坠落后看到有列车驶来，最有效的方法是立即紧贴非接触轨侧墙壁，注意使身体尽量紧贴墙壁以免列车刮到身体或衣物。

（2）看到列车已经驶来，切不可就地趴在两条铁轨之间的凹槽里，因为地铁列车和道床之间没有足够的空间使人容身。

特别提示

（1）乘坐地铁时，要先对其内部设施和结构布局进行观察，熟记疏散通道及安全出口的位置。

（2）候车时请勿越出黄色安全线，按箭头方向排队候车，先下后上，不要推挤。

（3）如跌落物品至轨道，请联系工作人员拾取。

（4）在任何情况下，严禁擅自进入轨道。

（5）上车后请坐好，站立时请紧握吊环或立柱。列车运行过程中，请勿随意走动，以免发生意外。

（6）在列车内发生紧急事件时，请保持镇静，听从工作人员指挥，必要时使用车厢内的对讲系统与司机联系。

四、水上交通突发事件

水上交通事故是指船舶、浮动设施在海洋、沿海水域和内河通航水域发生的交通事故，包括碰撞事故、搁浅事故、触礁事故、触损事故、浪损事故、火灾、爆炸、风灾事故、自沉事故、其他引起人员伤亡或直接经济损失的交通事故。

案例回放

案例一：2010 年 5 月 2 日上午 5 时 23 分，"Sea success"（海盛）与"Bright centary"（世纪之光）两艘货轮在山东威海成山头以东海域航行中因海雾太大发生碰撞，"海盛"轮船头严重受损并进水，"世纪之光"遇险后沉没（图 3-44）。"海盛"轮上有 23 名中国籍船员，"世纪之光"轮上有 23 名印度籍船员。碰撞后两船均下达弃船命令，船员分别乘坐于各自配备的救生艇上，至 8 时 59 分左右，"世纪之光"轮船员均被救起，10 时 50 分，"海盛"轮 23 名船员全部被救起。

图 3-44　船碰撞场景

案例二：2012 年 9 月 19 日 20 时 14 分许，宜春籍散装化学品船"赣宏顺化 28"轮（空载）由常熟途经张家港往南京，在长 50 号黑浮附近水域，生活舱突然起火（图 3-45）。事发时，船上共有船员 8 人，7 人获救，1 人死亡。

图 3-45　船起火场景

事故原因

1. 人员因素

在事故中，人员往往是触发因素，其中船员又是最主要的因素。船员的身体状况、知识水平（包括对专业知识、航行规则、有关法律法规的掌握和理解等）、驾驶技能（包括判断能力、应变能力和操作能力等）、思想意识（包括职业道德、安全意识、工作态度和责任心等）以及驾引经验等，都会直接影响到船员的行为，对事故的发生起决定性作用。其他的人员如引航员、管理人员和码头工人等，也会在履行各自职责时出现差错或过失，在某些事故中成为事故发生的因素。

2. 船舶因素

在船舶倾覆、沉没以及在船舶失控情况下发生的事故中，船舶因素往往成为主要因素。船舶因素包括船舶动力设备、操纵设备、安全设备和通信设备等的性能和状况，船舶材料和质量，船体结构、强度、密封性和分舱布置，船舶的吃水、稳定性和惯性等。

3. 货物因素

货物因素虽然不是造成事故的主要原因，但人们对货物的特有属性（如货物的挥发性、易燃易爆性、毒性等）不了解，或在货物的分类、处置、堆装、固定和运输保管等方面处理不当，则容易引发事故。

4. 环境因素

（1）自然环境因素。除不可抗力外，自然环境很少成为事故的主要因素，但常常是人为错误的诱导因素。特别是在触礁、搁浅、自沉和触损事故中，由于船员对环境估计不足，加之操作不当，易导致事故。环境分为自然环境和通航环境，自然环境包括气象条件（风、雪、雨和雾等）、水文条件（流速、流态、涨水和退水等）和航道条件（航道宽度、深度、曲率半径、水下障碍物和助航标志等）；通航环境包括通航密度、交通秩序、靠（锚）泊条件、桥梁及架空电缆高度、背景灯光、港口设施的状况和安全信息等。

（2）社会环境因素。社会环境是指人类生存及活动范围内的社会物质、精神条件的总和，包括整个社会经济文化体系。社会环境因素特别是经济因素往往是事故发生的潜在因素之一，如在经济平稳和经济动荡时期，水上交通安全形势就会呈现出不同的特征。

5．管理因素

管理因素不是引发事故的直接原因，但通常是事故发生的深层次原因。

（1）船舶公司管理。船舶公司进行安全管理的机制是否健全、制度是否完善、人员是否具有专业资格、职责是否清楚、责任是否落实到位等是船舶安全运作的关键。如船员的配备是否足够、设备是否完善、船舶是否适航、装载是否合理合法等，都与船舶公司的管理有着密切的联系。

（2）海事机构管理。海事机构是否存在管理漏洞或不足，是否有人为疏忽或违反规定的情况等。

（3）其他部门的管理。如引航、港口、船检、航道等部门的管理，是否存在不足，是否违反操作、违反规定的情况等。

自救对策

1. 发生火灾时的自救

（1）火灾扑救。一旦发现船舶失火，船上人员应按以下要点采取行动：

①发现火情后，立即按下最近的手动火警按钮报警。按钮一般有玻璃面罩，用附近小锤敲碎面罩，按下按钮。

②取用就近灭火工具救火，如灭火器、太平斧、消防毯、沙等。

③船员利用舱内的二氧化碳灭火系统、机舱内的消防泵、消防备用泵及内部消火栓进行灭火（图3-46）。

图 3-46　扑灭火灾

（2）火灾中逃生。当乘坐的客船发生火灾时，可采取如下方法逃生：

①利用客船内部设施逃生。利用内梯道、外梯道和舷梯逃生；利用逃生孔逃生；利用救生艇和其他救生器材逃生；利用缆绳逃生。

②如果客船在航行时机舱起火，机舱人员可利用尾舱通向上甲板的出入孔逃生。船上工作人员应引导船上乘客向客船的前部、尾部和露天甲板疏散，必要时可利用救生绳、救生梯向水中或来救援的船只上逃生，也可穿上救生衣跳进水中逃生。如果火势蔓延，封住走道时，来不及逃生者可关闭房门暂避，不让烟气、火焰侵入。

情况紧急时，也可跳入水中（图3-47）。

图3-47　跳入水中

③当客船前部某一楼层着火，还未燃烧到机舱时，应采取紧急靠岸或自行搁浅措施，让船体处于相对稳定状态。被火围困人员应迅速往主甲板、露天甲板疏散，然后，借助救生器材向水中和来救援的船只向岸上逃生。

④当客船上某一客舱着火时，舱内人员在逃出后应随手将舱门关上，以防火势蔓延，并提醒相邻客舱内的旅客尽快疏散。若火势已蹿出房间封住内走道时，相邻房间的旅客要尽快疏散。若住内走道时，相邻房间的旅客应关闭靠内走廊房门，从通向左右船舷的舱门逃生。

⑤当船上大火将直通露天的梯道封锁，致使着火层以上楼层的人员无法向下疏散时，被困人员可以疏散到顶层，然后向下施放缆绳，沿缆绳向下逃生。

⑥逃生过程中，要加强安全防护，佩戴船用自救呼吸器，防止中毒。若没有自救呼吸器，可将毛巾、床单、衣服等用水浸湿，捂住口鼻，防止吸入高温

图3-48　逃生自救

烟气（图3-48）；用棉被、毛毯、地毯等用水浸湿，包裹好身体，就地滚出火焰区逃生。

2. 沉船（侧翻）自救

（1）当发生船舶事故时，旅客不要惊慌，保持镇静，迅速穿好衣服和正确穿好救生衣，听从船员的引导，进入集合地点，利用救生设备逃生。

（2）当来不及利用救生设备不得已跳水逃生时，应尽可能向水面抛投漂浮物，如空木箱、木板、大块泡沫塑料等，跳水后用做漂浮工具。

（3）尽可能利用绳梯、绳索、消防皮龙等滑入水里，不要从5m以上的高度直接跳入水中。跳水时，两肘夹紧身体两侧，一手捂鼻，一手向下拉紧救生衣，深呼吸，闭口，两腿伸直，直立式跳入水中。

（4）跳水后要尽快游离遇难船只，防止被沉船卷入旋涡。

（5）落水后往下沉时，要保持镇静，紧闭嘴唇，咬紧牙齿憋住气，不要在水中拼命挣扎，应仰起头，使身体倾斜，保持这种姿态，就可以慢慢浮出水面。

（6）跳水后如发现四周有油火，应该脱掉救生衣，潜水向上风处游去；到水面上换气时，要用双手将头顶上的油和火拨开后再抬头呼吸。

（7）入水后要尽可能集中在漂浮物附近，出现获救机会前尽量少游泳，以减少体力和身体热量的消耗（图3-49）。

（8）跳水后如没有救生衣，应尽可能以最小的运动幅度使身体漂浮。可采用仰游姿势，仰卧水面手脚轻划，以维持较长时间漂浮，耐心等待营救。

（9）跳水前尽可能发出遇险求救信号。当有救助船只或过路船只接近时，应利用救生哨等呼叫，设法引起对方注意，争取尽早获救。

（10）不要离出事船只太远，要通过各种方式（呼喊或摇动色彩鲜艳物）等向岸上发出求救信号，并自行有规律地划水，慢慢向岸边游动，可尝试游上岸；如水流很急，应顺着水流游向下游岸边；如河流弯曲，应游向内弯水浅、流速较慢处上岸或等待救援。

图 3-49 利用救生设备逃生

特别提示

（1）不要乘坐非正规经营的船舶，在恶劣天气情况下不乘坐冒险航行的船舶。

（2）不携带易燃、易爆、腐蚀性强、有毒等危险物品上船。

（3）上船后注意识别船上常用的安全标志，掌握使用方法。

（4）当船上发生火灾时，要用湿手巾或湿棉织品捂住口鼻，向起火的上风位置逃避烟火，在上风（即迎风）一侧下水逃生。

（5）如船只正在下沉，千万不要在倾倒的一侧下水，以防被船体压入水下难以逃生，如果船体尾部先下沉，应逃到船头处下水。

五、航空交通突发事件

　　飞机已经成为现代最便捷的交通运输工具，随着航空技术的不断发展，飞机逐渐成为一种快速、安全、可靠、经济、舒适的运输工具，成为沟通世界各地重要的物质基础。飞机作为一种科学技术含量高、结构复杂的交通工具，如果在操作中出现微小的疏忽和失误，就可能酿成重大事故，造成机毁人亡。乘客在乘坐飞机时一旦遇险，采取正确的自救措施，可最大程度地减少人身伤害。

案例回放

　　案例一：2010 年 8 月 24 日 22 时 10 分左右，一架从哈尔滨飞往伊春的客机在伊春机场降落，接近跑道时断成两截后坠毁（图 3-50）。机上有乘客 91 人，其中儿童 5 人。"8·24"坠机事故造成 42 人遇难，54 人生还。

图 3-50　伊春"8·24"空难场景

　　案例二：2012 年 6 月 29 日，海航集团天津航空公司 GS7554 机组执行新疆和田到乌鲁木齐飞行任务时，12 时 31 分遭 6 名歹徒暴力冲击驾驶舱。危急时刻，机组人员在旅客协助下，与歹徒展开殊死搏斗，成功制服歹徒，2 名安全员、2 名乘务员光荣负伤。飞行人员沉着冷静、妥善应对，驾驶飞机安全返航，将歹徒移交公安机关，避免了一起劫机乃至机毁人亡的重大事件发生。

事故原因

1. 机械故障

在飞机延误和事故分析中，最常见的原因是机械故障。机械故障常见的有起落架收不起来、发动机故障、仪表显示不正常等情况，一般在起飞之前能检查出不少机械故障，所以真正出现在飞行途中的突发性机械故障还是很少的。

2. 恶劣的气候

1987年4月，我国一架飞机在华南某地遇到雷雨，飞机突然出现强烈颠簸，急骤掉落，由于机长沉着、冷静地驾驶，才安全降落。从飞行记录器（黑匣子）发现，飞机在27秒钟内飞行高度从1 000m降到250m，瞬间最大下降率为40m/s。可见，雷雨直接危及飞行安全，因为航路或机场上空的雷暴、雷雨云、台风、龙卷风强烈颠簸及低云、低能见度以及跑道结冰等恶劣气候，会对飞机结构和通信设备以及飞机起降构成直接威胁。

在寒冷的北方地区，早晨第一班飞机往往在机场"冷冻"了一夜，因此早上起飞前需要对飞机解冻。如果有关工作人员疏忽，没有将薄冰除去就起飞，特别是机翼上还留有薄冰的话，整个飞机的气动性就会受到破坏，飞机会因为动力不足而坠毁。

3. 电磁波干扰

据统计，近年来世界范围内每年都发生20多起因为电磁波干扰而引起的飞行事故，因此世界上许多航空公司规定，飞机飞行时禁止使用手机。为什么在飞机上打手机很危险呢？原来飞机上的导航设备是利用电磁波来测定方向的，它接收到地面导航站不断发射出的电磁波后，就能测出飞机的准确位置。当手机工作时，它也会辐射出电磁波，干扰飞机上的导航设备和操纵系统，使飞机自动操纵设备接收到错误的信息，进行错误的操作，引发险情，甚至使飞机坠毁。除手机外，使用笔记本电脑、游戏机时也会辐射电磁波，因此这些设备也不能在飞机上使用。此外，太阳黑子和北极光等天文现象产生的电磁波也会干扰飞机的正常航行。

4. 油箱爆炸

自 1990 年以来，美国共发生 3 起飞机油箱爆炸事故，其中最严重的是 1996 年 7 月环球航空公司一架波音 747 客机在纽约长岛上空爆炸的事故，共造成 230 人丧生。据分析，事故主要是由于静电火花点燃油箱内燃料蒸气引起的。由此，联邦航空局将要求国内各航空公司在飞机上安装一种油箱安全装置，防止油箱起火爆炸。新的安全装置将用泵向油箱内灌注不易燃烧的氮气，以减少油箱燃料蒸气中的氧气含量，这种装置几乎可以完全消除油箱起火爆炸的概率。

5. 大鸟袭击

1988 年埃塞俄比亚的一架波音 737 飞机在起飞爬升到 3 800m 时，突然遭遇大鸟袭击，结果造成机上 85 人死亡，21 人受伤。即使是一只像麻雀一样大小的鸟儿，对高速飞行的飞机的破坏力也不亚于一颗炸弹；而一只体重为 3kg 左右的鸟儿与飞机相撞时可以产生 16t 的冲击力，对飞机来说无异于遭到一枚导弹的袭击。如果鸟儿从飞机涡轮机的进气口处被吸入发动机，轻则造成每片价值数万美元的叶片因扭曲变形而损坏，重则造成发动机停机，甚至因鸟在机内摩擦而起火，引发飞机爆炸或坠毁，造成重大空难。因此，为了避免或减少鸟撞的发生，各地机场采取了很多措施。除了原始的单纯靠人工驱赶、鸣枪示警、设立拦鸟网或围墙等驱散鸟类的办法之外，从鸟类的视觉、听觉、食性等方面入手的防止鸟撞的各种先进设备也不断问世。

自救对策

1. 初期火灾扑救

（1）机组人员发现起火应就近取出灭火器材灭火，并彻底消灭火源，然后继续在热的表面喷洒灭火剂或水进行降温。

（2）其他人员接到火警配合灭火。

①确定火灾的类别以及选择适当的灭火剂（设备）。

②确认附近电器断电，关掉设备电源，拉断电路断路器（烤炉、煮咖啡器、灯等）。

③如闻到煤油、汽油、酒精等化学品味道时，不要打开或关闭任何电气设备，并提醒在客舱的人员不得打开阅读灯和按呼叫铃。

④必须有一名乘务人员建立和保持与驾驶舱的通信联络，说明起火情况、起火具体位置等。

⑤通知客舱全体人员、乘务人员起火的方位，请求提供协助。

⑥带上呼吸保护装置协助采取了防火措施的乘务人员灭火。

（3）安全员应协助乘务长指挥灭火，并用公共广播系统紧急呼叫全体乘务人员，告知起火方位，紧急互相救助，并保持与驾驶舱机组的联络，保持驾驶舱门关闭。

（4）其他乘务人员应立即把呼吸保护装置和灭火器送往起火

处，关闭火源附近的通风口，必要时协助灭火，并照顾客舱中的旅客，把旅客调离烟气或火源处，如客舱充满烟雾，劝告旅客把头保持在扶手的水平上，并向旅客提供湿毛巾捂住口鼻处，或向旅客递上水，把衣服、手帕等弄湿，遮在口鼻处。

　　2．飞机遇险时的逃生

　　1）了解飞机的构造

　　了解一下飞机的构造，有助于在发生危险时作出更准确的判断。

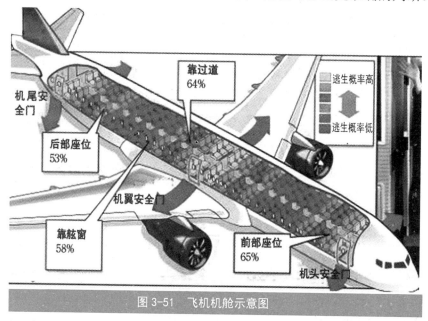

图 3-51　飞机机舱示意图

　　（1）油箱的位置。飞机坠毁后，一定要避开油箱。民航客机中，一般都有 3 个油箱，即：2 个主油箱分布在左右大翼上，1 个中央油箱在两个大翼的根部和机身相连处，可以相互倒油。在大型飞机如波音 747 和 A330、A340 在水平尾翼上还都有配平油箱，此油箱不直接参与飞机的用油，它可以用来调整飞机在飞行中偏离的姿态，必要时可以将此油箱的油输送到主油箱，这个油箱坠毁时油一般是最多的。

（2）应急逃生门的位置。一般来说，我国的飞机以波音737居多，737的应急逃生门大都在中间11排、12排的位置，不同的机型逃生门位置不同。

2）做好应急准备

（1）选择乘坐大航空公司的飞机，机型要安全可靠，直飞的班机。

（2）乘务人员的首要任务就是维护安全，而且他们都受过严格训练，善于应付紧急事故。登机后，要认真听取乘务员的讲解和演示，阅读安全须知，掌握逃生要领。

（3）客机起飞后3分钟与降落前7分钟最危险。有调查数据显示，80%的空难发生在这两个时间段内。因此，在这段时间，旅客需要保持警惕，不要登机后立即呼呼大睡。

（4）登机后，要注意观察、熟悉机内情况——记住至少两个紧急出口的位置，并记下自己所在位置与安全门之间的座位排数，即使机舱充满烟雾时，你可以摸着座椅找到出口。之所以要记住两个安全门，是因为事故发生后并不是每个安全门都能保证通畅。不同机型的逃生门位置不同，登机后要留意与自己座位最近的紧急出口（图3-51）。学会紧急出口的开启方法（一般机门上会有说明）。

（5）飞机一旦迫降后起火，浓烟便会在短时间内弥漫机舱。浓烟被吸入人体后的瞬间，旅客便会失去意识，这便意味着逃生过程的终止。因此，事前准备好一条毛巾，以备机舱内有烟雾时掩住口鼻，避免直接吸入有害气体。

（6）在飞行过程中，一定要系上安全带。紧急情况能够快速解开安全带，为逃生赢得时间。事实上，甚至一些专业人员在紧急时刻，解开安全带时也会出现手忙脚乱。当旅客登机入座后，可以重复几次系、解安全带的动作，以防后患（图3-52）。

图 3-52　正确使用安全带

（7）乘坐飞机要注意着装。高跟鞋等在空难中不仅可能妨碍逃生，而且会制造额外的危险。高筒丝袜会在遇火时迅速燃烧蔓延。此外，尽量避免穿 T 恤和短裤，最好穿长袖衬衫和长裤，因为一旦起火，长衣长裤可以提供更好的保护。选择厚底鞋，最好不要穿凉鞋，以免脚部在空难时受到玻璃、金属等的伤害。

（8）旅行中别与家人分开坐。如果你与家人一道旅行，应该坚持不让航空公司将你们分开——这不仅仅是考虑亲情交流，同样也是为了安全起见。如果一家人坐在机舱里的不同地方，在逃生前，人们的第一反应总是想先找到家人们的位置，而这是很危险的。空难发生后，每一秒钟都是极其宝贵的。

3）掌握逃生方法

大多数空难发生后，飞机都会爆炸燃烧，而在瞬间发生的空难里，乘务组如果无法发挥作用，旅客的首要任务是保持冷静，采取措施自救逃生。

（1）从发出迫降预警开始，乘务组便会向旅客发出指令。一定要听从指挥，不要擅自蛮干。有组织的逃生比相互拥挤争抢，获得生存的概率更大。

（2）在航程开始后，空乘人员会向旅客分发餐前的湿纸巾，请不要将它丢掉。湿纸巾可以过滤掉一些有害气体，延长逃生时间。飞机坠毁后，如果伴有起火冒烟，旅客一般只有不到两分钟的逃离时间，你要赶在火势严重前逃离飞机。湿纸巾或手帕是争取逃生时间的必要条件之一，用湿手帕捂住口鼻，避免吸入有害气体，并赶在火势严重前逃离。

（3）竖直椅背，打开遮阳板。突发紧急状况时，打开的椅背会把后方乘客的逃生通道卡住；收回小桌板，保证逃生通道畅通。打开遮阳板，可以保持良好的视线，确保在紧急状况发生时视机外的情形，以决定向哪个方向逃生。

（4）在飞机紧急迫降中都是要求乘客把高跟鞋、手饰、眼镜、丝袜等脱下来，便于安全逃生。丝袜等尼龙制品遇到火会立即黏附到人的皮肤上，会造成严重的烧伤，有些鞋上面的尼龙更是这样；滑梯是从飞机的前后向地面滑出，一些锋利的物品会使滑梯划破。

（5）在紧急着陆时，最好用毯子包裹住头部，但飞机上并没有足够的毯子给每位乘客，尽量使用柔软的衣物护住头部。

（6）安全门打开后，充气逃生梯会自动膨胀，跳下逃生梯时不要慌，站稳，双臂向前伸开用坐姿跳到梯上下滑，如果飞机离地面有一定的高度，这种下滑法可以避免造成下滑重心不稳所造成的伤害（图3-53）。

图3-53 利用逃生梯逃生

（7）飞机坠落后，安全门是最重要的逃生通道。如果发现安全门也已经起火或被浓烟包围，那么，就要向着有光亮的地方跑。黑暗中，有光的地方往往就是逃出飞机的通道。旅客也可将飞机断裂和破损口作为逃生通道迅速离机，离机后应迅速离开飞机残骸，以躲避飞机燃烧爆炸。

（8）时间就是生命，钱财乃身外之物，不要拿着行李跑，这既会耽搁你逃生的时间，也会影响别人疏散。

（9）飞机坠落后，往往伴随浓烟失火甚至爆炸，浓烟和火焰会随着风势蔓延。逃离飞机后，旅客应该判断当时的风势，尽可能地远离飞机，确保最大的安全。逃离飞机后旅客要迎风快跑，顺风跑动的幸存者可能会受到二次伤害。

（10）飞机坠落时，会产生强大的冲击力，这也会使旅客的身体产生致命伤害。如果机组已经发生了迫降预警，旅客们首先要做的是确认安全带是否扣好系紧。等到飞机着陆停下后，顺利地解开安全带，否则，迅速发展的火势会使乘客难以逃生。

（11）巨大的冲击往往是对乘客的第一次考验。如果不幸遭遇空难，要立即按照乘务员的指示采取防冲击姿势——小腿尽量向后收，超过膝盖垂线以内；保护住头部，向前倾，头部尽量贴近膝盖。这样的姿势可以有效减少被撞昏的风险。

（12）飞机在坠毁后，如果伴有起火冒烟，乘客一般只有不到两分钟的逃离时间。逃离飞机以后，需要根据飞机坠毁的地点决定下一步行动。如果飞机坠毁在陆地上，乘客应该逃到距离飞机残骸200m以外的上风区域，但不要逃得太远，以方便救援人员寻找；如果飞机坠毁在海面，乘客应该尽快游离飞机残骸，越远越好，因为残骸可能爆炸，也可能沉没形成旋涡。

3．遭遇劫机时的应对

（1）应迅速掌握恐怖分子的动机、人数，以及劫持飞机使用的武器等情况，这些信息至关重要。恐怖分子劫持飞机，往往经过了长时间预谋，设想过各种情况。这时，我们从恐怖分子的一举一动中可以看出他们的决心和实力。这将有助于普通乘客对整个事态进行评估和判断，以便决定下一步的行动。

（2）要尽快组织起来。与恐怖分子对抗，必须依靠集体的力量。只要乘客齐心合力，恐怖分子就拿乘客没办法。当然，组织起来并不是一件容易的事情，这需要每个乘客之间在最短时间内形成一种默契，甚至靠眼神来相互传递信息。

（3）机组人员都进行过相关常识的培训，而且还有空中警察随乘客一起乘机。面对劫机情况，他们往往会更加镇定，更知道应该怎样应对。因此，乘客要听从机组人员的指挥，及时领会机组人员的意图，配合机组人员对付恐怖分子。

（4）一旦作出决定，要坚决果断采取行动，毫不留情。如果恐怖分子是亡命之徒，企图控制飞机的驾驶权，就有可能制造类似"9·11"恐怖袭击那样机毁人亡的事件。这时，你就应当毫不犹豫地与恐怖分子进行战斗。飞机上狭小的空间，实际上有利于乘客进行反抗。恐怖分子在这种时候，通常已进入亢奋状态，但这种状态不会持续很久。

特别提示

（1）乘客在登机以后应该数一数自己的座位与出口之间隔着几排。这样，如果机舱内充满了烟雾，乘客仍然可以摸着椅背找到出口。

（2）阅读前排椅背上的安全须知。即使乘客已经对这些程序了如指掌，再看一遍也没有坏处。

（3）在着陆时做好适当的准备。这时候，不应该坐靠在位置上，而是应该双手交叉放在前排座位上，然后把头部放在手上，并在飞机着陆之前一直保持这个姿势。

（4）飞机停下之后，尽快走向出口，同时尽量保证安全。因为大火和有毒气体可能很快充满整个机舱。

（5）尽快离开出事地点。因为那里的环境对乘客的健康不利。

（6）乘飞机旅行时着装应该得体。尽量避免穿 T 恤和短裤，应该穿长袖衬衫和长裤，因为一旦起火长衣长裤可以提供更好的保护。最好不要穿凉鞋，以免脚部受到玻璃、金属等的伤害。

第四章　野外出行突发事件

人在旅途，出行快乐、安全是第一位的，出行的时候会遇到各种突发情况，如何防患于未然，掌握正确的避险和自救知识非常重要，面对危险事件你会采取哪些正确有效的应急措施？

一、野外迷山

迷路，是指迷失道路，或者失去正确的方向（图4-1）。通常，人们迷路是因为不能将自己所处的位置同一些确知的因素联系在一起并用作向导，缺乏观察力和较系统的离开与返回预地点的野游知识。

图4-1　野外迷山

案例回放

案例一：2009年2月8日，23岁的刘先生和26岁的王先生在四姑娘山探险，迷路雪山，经过12天徒步穿越，惊心脱险回家。出发前两人带上了指南针、地图、绳子、打火机以及少量食物后，就开始出发，气温零下十多度，翻错了垭口迷路后，靠自己用树枝搭出睡觉的地方，依靠烤火取暖维持。上了4 000多 m 的雪山，又倒回来，前3天基本上把食物消耗得差不多，最后4天，没有了吃的，为了保持体力，他们甚至将尿液蒸干，舔食其中的盐分，最后连爬虫也吃。在悬崖上摔了几次后，顺着河水漂流而下，终于找到了一家当地农户，并与家人取得联系，得以成功逃生。

案例二：2011年10月3日下午，云南大理苍山风景区22名游客因阴雨雾大迷路被困山上。据四川籍卢先生介绍，他们是当日上午9时多走路进山游玩，下午17时左右发现迷路，无法找到下山的道路，才拨打了求救电话。被困人员大致位置在苍山清碧溪附近，22人中有3人由于山路湿滑不小心摔倒受伤，其中还有部分老人。大理市公安消防大队接报后，迅速启动苍山救援预案，调集古城中队、特勤中队共30人赶往苍山救援。经过一个多小时的搜救，到19时39分22名被困游客全部安全解救下山（图4-2）。

图4-2 迷山人员被救场景

事故原因

（1）出游时不认真记录，或者只把其中个别特殊点记住，不会选择固定的目标作为向导。

（2）不能将自己所处的位置同一些确知的因素，包括自然的或其他的，联系在一起并用做向导。

（3）弯曲的道路、茂密的森林、遥远的距离会遮住目的地，缺乏观察力和较系统的离开与返回预定基地的野游知识。

自救对策

（1）控制情绪。如怀疑自己迷了路，应该立即停下来估计一下情况，盲目地继续前进处境会更糟。不要惊慌，请坐下来，放松一下，做做深呼吸，嚼块口香糖，仔细回忆一下经过的房屋、溪流或其他地理特征，以追寻自己曾经走过的路线。

（2）初步定位。野行者刚发现难以确定自己的方位时，一般情况下并未走多远，不会找不到路的。麻烦的是大多数迷路者继续盲目前进，在森林中乱窜乱钻，使自己的处境更糟，一些迷路者甚至完全走出了搜寻地区的范围。

（3）辨别方向。确定东南西北方向，了解周围的地形，寻找显眼标志点，留意溪流山脊等，有地图的话在地图上确认自己所在位置。然后，根据自身情况思考路线（图4-3）。

（4）选择走向。确定自己迷路，并做了初步定位之后，就要选择下一步的走向。结合天黑时间，在对线路把握较大、前方潜在危险较轻的前提下，可以根据自己的判断前行。如迷路后在无法确定方向、无法预知线路的情况下，应该留在原地等待救援。在迷路点做醒目标志，并就地或附近寻找安全藏身地点等待救援。

（5）主动求救。被困后，在确保自身安全的情况下，应主动求救，具体方向有：烟，白天可以用烟来吸引人的注意力，通用的受困信号是三柱烟；火，在黑暗中火是最有效的信号手段，生3堆火使之围成三角形；声，近距离有人时可以通过声音来发出求救，如哨声、大喊等；此外，根据实际情况，借助反光镜、手电筒、带鲜艳颜色的飘动物体等也是有效求救手段。

（6）食物饮水。根据科学测算，一般人不吃食物，可存活7～12天，但如果滴水不进，在常温下只能忍受3天左右，若在炎热的夏季，恐怕一天也难熬。野外饮水，可以通过收集溪流、雨水、露水、竹水等方式进行补给。

图 4-3　辨别方向

（7）安顿休整。如果是到了晚上，就得找个落脚的地方，最好是找个能够遮风挡雨的地方，找干柴生火，以便让别人可以看见，让别人知道有人求救，也可以防止野生动物的袭击，还可以驱散蚊虫。

（8）寻找食物。不要过于激烈奔跑或者活动，也不要大声地喊叫浪费你的能量，最好能够找到水源，如果找不到，可以找些野果，要辨别是否有毒，或者寻找野菜和蘑菇，肚子饿实在找不到吃的，可以吃点青草，还有某些树的树根、树叶，以及某些树的树汁。

特别提示

（1）做好准备。出发前带足食品及饮水，并沿途做好醒目的路标，以备走不出去时原路退回，千万不要冒失地离开山径而从"新路"下山。

（2）携带物品。外出时身上带火机、手电。在山地行进，为避免迷失方向，节省体力，提高行进速度，应力求有道路不穿林翻山，有大路不走小路。

（3）注意观察。在离开自己的帐篷、汽车、独木桥、小船等物之前，要仔细观察周围地形。

（4）确定方向。出发前要对周围那些突出的目标向导，如山峰、绝壁、寺庙、大树等，有清楚的记忆，以使在你返回时，能用这些目标作向导。

（5）记清路线。当离开道路、小溪、小径、河流、山峰或寺庙时，要记住是从哪一边离开的，把这些作为基本路线。记住来时与返回时经过的溪流、山峰、叉道，并将自己走过的路画一个线路图。

二、登山失足

登山是一项运动强度非常大的户外运动，但同时也具有一定的危险性，如果在登山过程中意外失足，可能会非常危险（图4-4）。

图 4-4　登山失足

案例回放

桑罗德和朋友一起登胡德山，当他们爬到海拔 3 000 多 m 的时候，来到了一个十字路口。东路比较危险，西路比较安全，朋友为了安全，决定走西路，而桑罗德为了挑战自己，决定走东路。桑罗德来到一个马蹄形的峡谷，从峡谷右壁向上攀，突然一条冲沟挡住了去路。当时，桑罗德身体紧贴陡坡向前爬，这违反了攀登的基本原则，突然他脚下一滑，跌到一块岩石上面。桑罗德试图找到出路，可是这块岩石所处的位置非常特殊，四周都是陡峭的山崖，最后桑罗德只好等待救援。朋友回到驻地后，等待了很长时间，也没有看见桑罗德回来，最后朋友报了警。经过近 6 个小时的搜寻，救援人员终于在一块岩石上发现了精疲力竭的桑罗德。

事故原因

（1）路面湿滑。由于下雨，或者长时间不受阳光照射，山路会非常湿滑，再加上山势险峻，道路崎岖陡峭，一不小心会造成失足。

（2）体能较差。登山远足体能有着较大的消耗，表现为困乏和无力，肌肉酸痛，大量地消耗身体的储备能量，而且缺乏碳水化合物食品和饮品，没有力气，极易导致失足。

（3）经验不足。很多人因为是第一次登山，缺乏经验，吃的太饱或太饿，易出现缺氧，或者携带的食物不够，又累又饿，更易造成失足。

（4）注意力分散。很多人边登山边玩耍观赏，注意力分散，在行进过程中"动中看景"，极易造成失足。

自救对策

（1）消除紧张。在登山途中，如果感觉头昏，不要向山下看，把头埋在两腿之间深呼吸，以消除紧张。

（2）重心要稳。登山时，为避免失足，应上身前倾，膝盖弯曲，两腿用力，脚掌着地。下山时，上身摆正，膝盖弯曲，脚跟着地。

（3）选择路径。在登山途中遇到陡坡时，应沿"之"字形路线下山。在下山的时候，不要在裂缝附近行走，裂缝附近有很多隐性的危险。

（4）试探道路。在经过乱石时，脚要落在石缝或凸出来的坚实部分，手要抓住牢固物体，不时试探前方的石头是否松动。

（5）开辟道路。在过冰雪山坡时，可以用锹、镐挖台阶前进（图4-5）。

图4-5　攀登雪山

特别提示

（1）着运动鞋。登山时，最好穿旅游鞋、登山鞋、胶底鞋、布底鞋，不要穿皮鞋、塑料鞋。

（2）有病勿行。年老、体弱者应有人陪同上山，患有高血压、心脏病的人最好不要登山。

（3）控制脚步。下山一定要控制住自己的脚步，切不可走得太快，注意放松膝盖部位的肌肉，绷得太紧会对腿部关节产生较大的压力，使肌肉疲劳。

（4）防止扭伤。在登山时，还要时时预防腰腿扭伤，在每次休息时，都要按摩腰腿部肌肉，防止肌肉僵硬。

（5）夜间危险。遇到恶劣天气，会使登山增加很多危险，此时应及时下山，尽量不要在山上过夜。

三、落入洞穴

如果不小心掉进洞穴，对洞内环境不熟悉，甚至可能遭受动物的袭击，这时非常危险，一定要掌握正确的逃生方法，以摆脱危险（图4-6）。

图4-6　落入洞穴

案例回放

案例一：2011年12月10日上午，重庆市秀山县龙池镇官井村4名12岁到13岁的小学生结伴前往官井傲消水洞"寻宝"，结果因迷路被困12余小时。村民介绍：洞内非常狭窄，不少地方只能斜着身体过去。洞穴非常深，此前曾有村民进去探险，用白石灰做标记，花了一天时间都没有走到洞底。另外，里面还有暗河、盆道，十分危险。家长报警后，秀山县政府、公安、消防立即组织救援队伍入洞搜救，最终在距离洞口5km左右的洞穴深处找到4名小学生（图4-7）。

图 4-7　学生被救场景

案例回放

　　案例二：2007年重庆市沙坪坝区中梁镇一居民失足掉进山洞。他在买土货回家，途经该村四方井社时，到路边一块空地解手。他一脚踩虚，掉进一个山洞。该洞倾斜向下，翻滚多转后，感觉自己停在一个平台上。借助打火机的微光，他发现洞内非常大，沟壑、怪石和岔洞很多。他强忍着恐惧，手脚并用地拼命往上爬，经过一个多小时的挣扎爬出洞。后半夜，他才摸索着回到家。

事故原因

　　（1）由于洞穴环境的危险性、未知性及探洞人员经验的缺乏或疏忽往往导致探险事故的发生。

（2）洞穴岩石崩落、探洞者摔落、洞穴洪水均可以使洞穴探险人员被困。

（3）由于局部洞道狭小，使探洞人员被卡住，患病、设备故障等也是受困的重要原因。

（4）未开发洞穴没有安全的路径和警示标识，加之探洞者对地形不熟悉和黑暗的环境，容易使人员摔落造成伤害。

自救对策

（1）沿途标记。进入洞穴后，应在沿途标明记号，同时绘制路线图，防止迷路（图4-8）。

（2）携带工具。进入洞穴时，应携带手电筒，同伴互相用绳索结绳，防止跌落深坑。

（3）步调一致。如果洞穴内有地下河，安排水性好的人走在前面，体质虚弱的人走在后面，并保持步调一致。

（4）检查洞穴。应先把蜡烛放下去，检验洞穴内的氧气是否充足，然后顺着绳子滑下去。

（5）危险撤退。不要挖洞顶的石块，以免发生坍塌，发现洞顶石块有松动现象，应迅速撤离。

（6）免被卡住。

图4-8　沿途标记

如果洞内发生洪水，应迅速撤离到高处，将有浮力的东西里面的气体放掉，以免被卡住。

特别提示

（1）调查访问。一切行动都应小心，不做无准备的冒险，行动前应进行实地调查访问，并充分准备所需器材。

（2）学会自救。在进行洞穴探险时，一定要了解近期的天气变化。如果不幸掉入洞穴，全身放松，抓住绳子，一点点往上爬，只要坚持，就会多一分希望。

（3）不宜独行。宜3人以上行动，单人绝不进洞，队员间需要互相照应，而不能各走各的，最好有当地向导同往。

（4）留有预案。比如留下出行信息给家人或朋友，复杂的洞穴宜在洞口设立后援营地和救援人员，一旦发生问题可及时处理。

四、陷入沼泽地

沼泽地的土是由含水量大于30％的细颗粒构成，一旦陷进去难以自拔，只要掌握正确的逃生技巧，就可以摆脱危险（图4-9）。

图4-9　陷入沼泽

案例回放

案例一： 2003 年 3 月 26 日，科学家奥尔和琳娜夫妇在巴拉那河出口处的沼泽地进行科考，他们拿着探棒小心翼翼地向沼泽腹地前进。突然一只小青蛙出现在琳娜的前面，这只青蛙非常奇怪，有一只小尾巴，琳娜不顾危险，抓住了青蛙，但是她也陷入了沼泽。丈夫奥尔看见妻子陷入了沼泽，于是让琳娜抓住探棒，可是妻子陷入太深，无法救出。奥尔还在继续努力，突然兜里的手机掉了出来，奥尔立即打电话报警。这时，妻子踩到了一块石头，不再下沉，30 分钟之后，救援队赶到，奥尔和琳娜终于摆脱了危险。

案例二： 2012 年 1 月 3 日晚，重庆市九龙坡一蔬菜批发市场外一老人在参加完亲戚宴请后，走着走着误入市场后的小路，由于酒精的麻醉，误把沼泽看成了路，一脚踩去就沉了下去，被冷水一刺激，才醒了酒，可是越挣扎越沉得厉害，直到后来手臂抓住了沼泽中的一块石头，才没有沉下去，但后来嘴巴进了泥，呼救十分困难。一直坚持到早上，估计市场的人应该起床了才呼喊求救。消防队员到场后立即抛出绳子，大声比画希望老人抓住，可老人刚一伸手，整个身子又陷了下去。最后拆了附近的一块门板，慢慢地放在沼泽面，将木板放置在老人的胸前，慢慢将老人平移到木板上才得以将其成功救出（图 4-10）。

图 4-10　老人陷入沼泽

事故原因

（1）浮力小于重力。沼泽地是泥水物质，虽然对人的浮力较大，但在人大部分落入其中以前，其对人的浮力还是小于人的重力的，这样人会继续下沉。

（2）泥水浸润作用。虽然人在下沉到没入以前是可以达到平衡的，但由于水对人是浸润的，对人有一个向下的表面张力作用，使人继续下沉。

（3）黏滞力的作用。泥水有较大的黏滞力，这样人一旦下沉进入其中就只能等其他人来救助了，靠自身的力量是无论如何也出不来的。

自救对策

（1）慢速爬行。如果陷入沼泽地，在双脚下陷的时候，让身体向后倾倒，躺在沼泽地上面，张开双臂，保持身体不沉下去，慢慢地滚动或爬行，不要脱下衣服和外套，以免减小浮力（图4-11）。

（2）用好物品。陷入沼泽地时，如果有行李袋一类的物品，应紧紧抱住，以形成浮袋，游到对岸。

（3）仰面移动。倘只有自己一人，朝天躺下后，轻轻拨动手脚，用背泳姿势慢慢移向硬地。移动身体时必须小心谨慎，每做一个动作，都应让泥沙有时间流到四肢底下。急移动只会使泥或沙之间产生空隙，把身体吸进深处。

（4）利用绳索。如果有伙伴同行，应躺着不动，等同伴抛一条

绳子或伸一根棒子过来，拖拉自己脱险。急乱不但帮助不大，而且
会很快筋疲力尽。

图 4-11　慢速爬行

特别提示

（1）留意松软。沼泽或荒野中有一些潮湿松软的泥泞地带，看
见寸草不生的黑色平地，就要小心。

（2）小心苔藓。留意青色的泥炭藓沼泽，水苔藓满布泥沼地面，
像地毯一样，这是危险的陷阱。

（3）投石问路。如果不能确定前面情况时，应该带一根手杖或
棍棒投石问路。

五、野兽袭击

现代社会越来越多的人喜欢到野外探险，在野外探险中会遇到各种危险，虽然遇到野兽的概率很小，但遇到时能够采用正确的逃生方法是可以安全脱险的（图4-12）。

图4-12　野兽袭击

案例回放

　　案例一：1999年4月29日，公园的护林员约翰每周末都去登山，他准备前往卡彭特山。经过一个小时的攀登，约翰终于来到山顶，当他准备休息的时候，发现附近的树丛中有一只美洲狮。约翰一步步向后退，美洲狮看着眼前丰盛的美餐，一声吼叫扑了过来。约翰和美洲狮周旋着，当美洲狮用爪子抓他的时候，约翰和美洲狮滚到了一起，它张开血盆大口准备咬约翰，这时约翰的手指突然插进了美洲狮的眼睛里，美洲狮尖叫一声跑开了。

案例回放

案例二：2004年10月20日16时30分左右，云南省景洪市大渡岗镇财政所职工欧女士乘坐李先生的"摩的"到勐养镇办事。在经过213国道三岔河国家级自然保护区段时，迎面碰上了一头野象，还没来得及转身逃跑，她和"摩的"司机李先生就被野象冲过来用鼻子打翻在地。两人连车带人被野象打得滚到了公路边的斜坡上，野象追过来后抬起前腿首先一脚将欧女士踢飞出去几米远，又用鼻子把她钩回来，再像踢皮球一样又踢飞出去，如此反复几次，将她踢得连声惨叫。那头野象见欧女士躺在地上不能动时，才转身走近滚到了路边排水沟里的李先生，又抬起前腿朝着他连踩了七八下，当场将李先生踩得口、鼻和耳朵同时流血并昏死过去。接着野象又折回来用鼻子将躺在地上的欧女士拨来拨去，她不敢喊叫，也不敢动，只好躺在地上任由野象将她拨得翻来滚去的，约10分钟，后面来了一辆大型货车，野象才扬起鼻子，大叫几声后慢悠悠地向着公路边的树林扬长而去。

事故原因

（1）受到惊吓。野兽出来找食吃很正常，但一般不会伤人，有的时候会受到其他东西惊吓才会攻击人类。

（2）误闯领地。野兽一般不会主动攻击人，有时候人类误闯了它的领地，或是其处于哺乳期，才会对人发起攻击（图4-13）。

图 4-13　闯入领地

自救对策

（1）保持冷静。在遇到虎、狮子、熊、象等体形大的野兽时，保持冷静，慢慢后退，等离开野兽视线范围后再逃跑（图 4-14）。

图 4-14　保持冷静

（2）忌乱抛物。遇到野兽时，不要乱抛物品，以免刺激野兽，不要惊叫激怒它，一旦野兽被激怒，情况会非常危险。

（3）冒充高大。遇到野兽时，应该站稳脚跟，把外衣的扣子、拉链打开，让自己的身材很庞大，同时不要蹲下，一般野兽不会攻击比自己身材大的动物。

（4）武器还击。遭遇野兽时，

应慢慢向后退，如果野兽发动攻击，用身边的树枝、石头或随身携带的武器进行还击，用力击打野兽的头部、眼睛、嘴巴等脆弱部位。

（5）保护脖子。野兽发动攻击时，应保护脖子，野兽扑向猎物之后，会撕咬猎物的喉部。

（6）快速逃离。最好是能快速逃离，爬上较大的树木躲避。

（7）屏气装死。如果无法躲避，最好屏住呼吸倒在地上装死，因为野兽一般不攻击没有呼吸的动物。

特别提示

（1）找躲避点。遇野兽袭击时密切留意野兽的动向，立即找躲避点，不能做带任何攻击性的动作。

（2）忌喊叫跑。不能大叫，也不能扭头就跑，不要惹怒野兽，身边有肉食等食品，使劲抛向它身边，绝对不要打中它。

（3）做好防卫。可以用明火，找棍子、大石防卫，慢慢后退撤离。

六、毒蛇咬伤

在一些潮湿的树丛、灌木丛中经常有毒蛇出没，经过的时候一定要多加小心。全世界有 2 500 多种蛇类，其中毒蛇占 650 种，全球每年被毒蛇咬伤的人大约有 30 万，因毒蛇咬后死亡的人约占 10％（图 4-15）。

图 4-15　毒蛇咬伤

案例回放

案例一：2007 年 5 月 7 日晚上，12 岁的亮亮在外面玩耍，不小心踩到了一条毒蛇，并被毒蛇咬伤。刚开始的时候，亮亮没有在意，过了一会儿，小腿又疼又痒，亮亮疼得哭了起来。父亲了解事情后，用鞋带扎在亮亮的膝盖处，并不断挤压伤口，用嘴唇吸吮毒液，然后用清水漱口。10 分钟后，救护车赶到，亮亮立即被送往医院抢救，在注射抗蛇毒血清之后，亮亮很快脱离了危险。

案例二：2008 年 4 月 7 日孙女士上山挖野菜，忽然感觉右手小指好像被针扎了一下，又疼又痒，她本以为是被蒺藜扎的，就没在意。这时她突然听到附近有沙沙的声响，她猛一抬头，发现一条长约 30cm 的蛇从身边的草丛蹿出。 意识到自己是被蛇咬伤后，孙女士迅速挤压伤口，把一部分有毒的血液挤了出来，然后她掏出手绢，使劲儿扎在了小指根部。简单的自救之后，她顾不上挖野菜的工具，立即赶到卫生院，经过简单的包扎后，医护人员将她送到了医院抢救。

事故原因

在参加户外活动、休息或经过蛇类栖息的草丛、石缝、枯木、竹林、溪畔或其他比较阴暗潮湿处时，特别是在割草、砍柴、采野果、散步时易被毒蛇咬伤。

自救对策

（1）全身武装。在山区、树林、草丛行走时，应穿好鞋袜，扎紧裤腿，最好携带一根棍子探路，不要随便坐在草丛中。

（2）遇见绕行。如果被蛇追赶时，应向上坡跑，并不时以"S"形路线逃离。

（3）绑扎伤口。被毒蛇咬伤后，不要奔跑，以免毒液扩散到全身，应立即坐下，用绳子或鞋带扎在伤口近心处。不用太紧，只要感觉被绑得肢体脉搏减弱即可，绑扎处每隔30分钟松解一次，时间在1~2分钟即可，以免因血液循环不畅造成组织坏死。

（4）挑出毒牙。被毒蛇咬伤后，用肥皂水冲洗伤口及周围的皮肤。如果伤口内有毒牙残留，用小刀或玻璃碎片挑出，并以牙痕为中心，反复挤压伤口近心处。

（5）防止中毒。被毒蛇咬伤后，如果毒液不能外流，可以用吸吮法排毒，但吸吮者的口腔内不能有伤口，否则有中毒的危险。吸出来的毒液应立即吐掉，并用清水漱口。

（6）补充水分。排毒完成后，伤口必须湿敷，这样有利于毒液的流出。如果伤者口渴，可以喝凉开水，但不能喝酒以及饮料类饮品，防止毒素扩散。

（7）及时医治。当被毒蛇咬伤，在紧急处理伤口后，应及时到医院进行救治。

特别提示

（1）学会辨蛇。头部呈三角形，头大颈细，尾巴短而细，体表的花纹鲜艳的蛇，一般为毒蛇。

（2）知道中毒。被毒蛇咬伤后，会留下大而深的牙痕，10分钟后，被咬伤部位会出现红肿、疼痛等症状。

（3）清楚急救。手指被咬伤，应绑扎在指根处；手掌或前臂被咬伤，应绑扎在肘部（图4-16）；脚趾被咬伤，应绑扎在趾根部；足部或小腿被咬伤，应绑扎在膝关节处；大腿被咬伤，应绑扎在大腿根部。

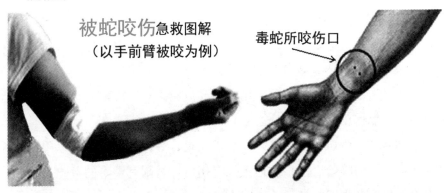

图4-16　毒蛇咬伤绑扎

七、意外溺水

发生意外溺水，溺水者的胃里会有大量的水，使腹部出现膨胀，这时溺水者四肢发凉，意识丧失，呼吸停止，如果不及时救助，会危及生命（图4-17）。

图 4-17　意外溺水

案例回放

案例一： 19岁的李帅放学后没有回家，而是和两个朋友来到了附近的水库。他们偷走了渔民的一条小船，在水库中玩耍。由于李帅和朋友们在船上疯闹，不小心将船弄翻了，李帅的两个朋友略懂水性，侥幸得以逃生，而李帅因为不懂水性，最后消失在水中。由于水库呈峡谷状，水深达10m，库区还有很多暗流，给救援工作带来了很多困难。经过6个小时的地毯式搜索，李帅终于被救上岸，这时他早已经停止了呼吸。

案例二： 2012年5月6日，安徽省铜陵职业技术学院和安徽工业职业技术学院10名学生到铜陵县老洲乡太阳岛游玩，1名女生不慎落水，6名学生下水施救，由于没有水上救生技能，造成5人溺水死亡。

事故原因

（1）对当地的水域情况不了解，随便下水游泳或者为救同伴不慎陷入而溺水。

（2）自认游泳技术不错，容易麻痹大意。

（3）没有掌握游泳和水上救生技能，缺乏溺水意识。

（4）自我约束能力差，特别是中、小学生及未成年人。

（5）缺少必要的安全警示牌、救生硬件设施和救生人员。

自救对策

（1）忌乱挣扎。溺水时，应保持冷静，让身体放松，一有机会露出水面时，就深吸一口气，让肺部充满空气，这样会产生浮力浮出水面，胡乱挣扎反而使身体下沉得更快。

（2）勿急露头。如果溺水者不习水性，不要试图将整个头部露出水面，对于一个不习水性的人来说，这样做是不可取的，反而会让自己更加紧张。

（3）裤腿打结。如果不小心掉进水中，可以脱下裤子，在裤管处打结放入水中，长裤里会有空气，可作为简易的浮力工具。

（4）水中行走。在深水的地方浮力比较大，用水中行走的方法可以浮出水面。

（5）游离旋涡。在水中遇到旋涡，应该用最快的速度沿切线方向游离旋涡中心，千万不要用水中行走的方法，这样容易被旋涡吸引进去。

（6）防止抽搐。当遇到手脚抽搐还不太严重时，一定要及时停止游泳，让身体悬浮在水中，然后放松身体，对抽搐部位进行伸展运动，直到恢复正常（图4-18）。如果不行，一定要及时呼救，叫别人过来帮忙。

图 4-18　抽搐自救

特别提示

（1）慎独游泳。不要独自一人外出游泳，更不要到不知水情或比较危险且宜发生溺水伤亡事故的地方去游泳。

（2）掌握健康。要清楚自己的身体健康状况，平时四肢就容易抽筋者不宜参加游泳或不要到深水区游泳，不要在急流和旋涡处游泳。

（3）能力自知。对自己的水性要有自知之明，下水后不能逞能，不要贸然跳水和潜泳，更不能互相打闹，以免溺水。

（4）不适呼救。在游泳中如果突然觉得身体不舒服，如眩晕、恶心、心慌、气短等，要立即上岸休息或呼救。

（5）抽筋求助。在游泳中，若小腿或脚部抽筋，千万不要惊慌，可用力蹬腿或做跳跃动作，或用力按摩、拉扯抽筋部位，同时呼叫同伴救助。

八、遭遇雪崩

雪崩是一种自然现象，它是指大量积雪从高处突然崩塌下落。雪崩在有人居住或滑雪场等地是一种严重的灾害，常会造成房倒屋塌和人员伤亡（图4-19）。雪崩总是"没有任何警告的突袭"。

图4-19 雪崩

案例一：2004 年，马老师带领地质学院的 7 名学生进行登山训练，他们的目标是青海省的阿尼玛峰。马老师和学生们从 5 200m 高度出发，中午的时候已经到达了 5 800m 的高度。正在休息时，突然前方传来轰隆声，马老师和几名学生因为有结绳，逃离起来十分不方便，结果被埋在了雪里。马老师用双手挖了 5 分钟，终于爬了出来，他剪断结绳，解救其他学生，经过 10 多分钟的努力，其他学生也相继脱离了危险。

案例二：2007 年 5 月 2 日 15 时左右，云南省迪庆藏族自治州梅里雪山发生雪崩，正在山路上徒步探险的 10 余名游客被坍塌的积雪掩埋。当天 14 时 30 分左右，正在登山的"狼友"们发现在梅里雪山主峰下出现小雪崩，不过并不强烈。大家根本没意识到危险的到来，还饶有兴致地纷纷拍下雪崩的状况景象，然后继续走。可就在 20 分钟后，"狼友"们上方开始出现强雪崩。雪崩幸存者回忆："我们大家正在向山上爬，突然之间就听见头上一声巨响，随后就看见漫天的大雪向我们袭来，我前面的 10 多个人一下子就不见了；大雪向我扑来，我眼前一黑……"当时他被埋得比较浅，用力拨了几下雪就能够呼吸了，等他爬出雪堆一看，现场一片白茫茫，什么都看不到。多亏后面上来的游客和村民不顾危险营救，才得以脱险。雪崩造成 2 人遇难，1 人重伤，6 人轻伤。

事故原因

（1）风力影响。风可以使雪以10倍于普通降雪的速度堆积雪。风将雪从障碍物的上风处吹到下风处并堆积起来。

（2）天气变化。天气转晴阳光照射，或春天气温上升开始融雪时，积雪变得很不稳固，导致雪的融化而引发湿雪崩。

（3）堆积过厚。通常积雪堆积过厚，超过了山坡面的摩擦阻力时，温暖干燥的风、声音的震响等都能使积雪开始运动，崩塌就开始了。

（4）特大暴雪。雪堆下面缓慢地形成了深部白霜，白霜比上部的积雪要松散得多，在地面或下部积雪与上层积雪之间形成一个软弱带，如果新雪堆积的速度超过了脆弱雪层所能承受的范围就会引发雪崩。

自救对策

（1）两侧快跑。雪崩的速度非常快，雪崩发生时，不要往山下跑，那样会更加危险，应该向雪崩的两侧跑，这样就能避开雪崩。

（2）防雪入口。发生雪崩时，应闭上嘴巴，防止雪进入喉部和肺部，窒息死亡。

（3）抛弃装备。发生雪崩时，抛弃身上沉重的装备，一旦陷入雪中，身负重担会非常危险。

（4）岩石躲藏。如果附近有体积大的岩石，可躲在岩石后面，防止被埋在雪里（图4-20）。

（5）破雪而出。发现雪崩的速度降低时，应尽快破雪而出，因为雪几分钟后会结成雪块儿，使人难以逃生。

（6）雪面爬行。被埋在雪里的时候，尽量爬到雪崩的表面，可以用游泳的姿势逆流而上逃向雪崩的边缘。

（7）用手抱头。被埋在雪里的时候，用双手抱头，以获得最大的空间和足够的氧气。

图4-20　岩石边缘逃生

特别提示

（1）预知气候。气候是制造雪堆并决定雪堆是否稳定的关键。

了解过去一段时间的气候变化能给我们一些关于雪堆稳定性的线索。收听天气预报能给我们一些关于未来天气变化会如何影响雪堆的提示。

（2）注意先兆。例如冰雪破裂声或低沉的轰鸣声，雪球下滚或仰望山上见有云状的灰白尘埃。雪崩经过的道路，可依据峭壁、比较光滑的地带或极少有树的山坡的断层等地形特征辨认出来。

（3）避免崩区。探险者应避免走雪崩区。实在无法避免时，应采取横穿路线，切不可顺着雪崩槽攀登。

（4）快速通过。在横穿时要以最快的速度走过，并设专门的瞭望哨紧盯雪崩可能的发生区，一有雪崩迹象或已发生雪崩要大声警告，以便赶紧采取自救措施。

（5）把握时间。大雪刚过，或连续下几场雪后切勿上山。此时，新下的雪或上层的积雪很不牢固，稍有扰动都足以触发雪崩。大雪之后常常伴有好天气，必须放弃好天气等待雪崩过去。如必须穿越雪崩区，应在上午 10 时以后再穿越。

九、掉进冰窟

每当冬春交替的时候，冰面会有很多隐藏的冰窟，如果不小心掉进冰窟，这时候非常危险，如果不能正确逃生，将会付出惨重的代价（图 4-21）。

图 4-21 掉进冰窟

案例回放

案例一：2007 年 2 月 13 日，小学生宋强和小伙伴们一起在冰上玩耍，不知不觉，他们离岸边已经很远了。突然"轰"地一声，宋强掉进了一个冰窟，小伙伴们非常害怕，于是大声呼救。这时，正好有一名教师经过，他让宋强抓住抛去的衣服，并一点点靠近冰窟。过了一会儿，宋强开始失去知觉，如果不能及时救上来，他会非常危险。最后这名教师不顾个人危险，一点点爬向冰窟，经过努力，宋强终于被救出了冰窟。

案例二：2008 年 3 月 26 日 17 时许，一个 6 岁孩子掉进 1.6m 深的冰窟中，幸好被河北岸一位养猪的市民和河南岸一位正在巡逻的民富园小区保安发现，二人以拳破开 80cm 宽、30 多 m 长的冰面将孩子救出。

事故原因

（1）结冰的表面厚薄不一，或因天气暖和、气候平均温度偏高，冰已开始解冻、变薄，在冰面上行走，一脚踩空而掉入冰窟窿中。

（2）在结冰的湖面滑冰，因冰面破裂，就有可能掉进冰窟之中。

（3）驾车在结冰的河（湖）边行走，因冰面承受不了车子的重量掉入冰窟。

自救对策

（1）尽力爬出。如果不幸掉进冰窟，应尽力爬上冰面或扒住冰层，否则身体在水中会因为寒冷而失去知觉。

（2）向岸移动。掉进冰窟后，可以用踩水的方式浮在水面上，用手不断地划水，然后慢慢深呼吸，不要惊慌，一点一点打碎前面的冰，并向岸边移动。

（3）慢速前行。如果掉进冰窟，双手伸到坚硬的冰面，双脚用力向后蹬水，使身体漂浮与冰面成水平，然后身体慢慢地向前。如果冰面破裂，那么保持同样的动作继续向前推进（图4-22）。

（4）活动身体。掉进冰窟后，趴在能承受住身体的地方，滚向岸边，上岸后立即活动身体，让身体热起来。

图 4-22　缓慢爬行

特别提示

（1）寻求救助。不要惊慌，保持镇定，要大声呼救，争取他人援救（图 4-23）。

（2）保持露头。尽量用脚踩水，使身体上浮，保持头部露出水，否则身体很快将冻得浑身无力，无法再爬上来。

（3）不乱扑打。不要乱扑乱打，这样会使冰面破裂加大，要镇静观察，寻找冰面较厚、裂纹小的地点脱险。

（4）卧在冰面。离开冰窟，千万不要立即站立，要卧在冰面上，用滚动爬行的方式到岸边再上岸，以防冰面再次破裂。

图 4-23　寻求救助

十、遭遇雷雨天气

雷雨天气是空气在极端不稳定状况下所产生的剧烈天气现象，其出现常伴有大风、雷电、暴雨、冰雹等灾害性天气现象的发生。雷雨天出行，尤其是登山，除了可能遭雷击外，还可能会遇见山洪或泥石流。雷击是由雷雨云产生的一种强烈放电现象，电压高达 1 亿～ 10 亿 V，电流达几万安培，同时还放出大量热能，瞬间温度可达 1 万℃以上。其能量可摧毁高楼大厦，能劈开大树（图4-24）。

图 4-24　雷电

案例
回放

　　案例一： 2009 年 6 月 13 日 14 时许，5 名游客在北京市怀
柔区雁栖镇西栅子村附近爬长城时被雷电击中，其中一对夫妻
坠下断崖身亡，另外 3 人受轻伤。游客纪先生说，他和朋友一
行也在此爬长城，当时天空下起了暴雨，他们一行就躲进了烽
火台内避雨。响雷随后不断打起，一道道闪电在长城周围闪过。
他看到，近 200m 外，有 5 人仍在朝"鹰飞倒仰"地段爬去。
随着一声响雷，一道闪电在 5 人中末尾的两人中间炸出一道红
光，两人掉到了 30 多 m 高的断崖下，另外 3 人也被炸倒在地（图
4-25）。

救援人员称，他们赶到时，坠崖的两人已没了呼吸，女子额头处有一个大洞，男子全身多处骨折。据了解，5人中，有4人是国家知识产权局的工作人员，他们于当天上午10点多开始爬长城。两名死者是新婚夫妇，女子姓陈，为北大在读博士生，男子姓魏，两人均只有27岁。

图4-25　游客长城遭雷击场景

案例二：2011年11月5日上午11时5分，在（贵州）梵净山保护区金顶发生罕见的雷击事件，造成当时正在金顶及附近的34名游客和工作人员受伤，其中12人重伤（图4-26）。游客刘先生介绍，当天在下雨，上午11时，空中突然响起一声炸雷，把大家都吓懵了。随后，看见广场旁边一座小木屋已被炸飞，杂物散落一地；专门给游客照相的师傅坐在旁边的地上，裤子被炸飞，衣服被炸成条块状，脸上和背上都是黑乎乎的，神情呆滞。大量的游客从金顶下来，大家互相搀扶着，多人身上受伤。见情况不对，大家高喊："关掉手机，丢掉雨伞！"接着纷纷往广场旁边的寺庙里跑。进入寺庙的台阶被炸成了一个大坑，寺庙里的电源开关全部被炸飞，只留下一个黑疤。从金顶下来的游客也涌进寺庙里，刘先生看见一个受伤最重的游客脚掌被击穿，面部一片血肉模糊，看不清鼻子、眼睛，是四五个人抬着进去的。

游客赖先生说，他是在快爬到金顶上面的一个2m高的台阶时被雷击摔倒的，他抓铁链的手掌被击伤，又黑又肿。赖先生观察，在雷击过程中，当时用手抓山上铁链的人受伤较重，拴铁链的水泥柱和金顶上面的金刀桥也受到损坏。

梵净山金顶
海拔 2 494m

图 4-26　梵净山金顶雷击场景

事故原因

（1）空旷地带。由于农村的田地是比较空旷的，雷雨天时人在田地间劳作就好比一根"引雷针"，很容易遭受雷击。

（2）水陆交接的地域。水陆交界处是土壤电阻与水的电阻交汇处，形成一个电阻率变化较大的界面，雷电经常就发生在这样的地方。

（3）游客在雷雨天气使用手机引发感应雷所致。

（4）雷电容易集中在一个凸出的地方。山顶上是电荷最容易聚集的地方，容易遭受雷击，人在山顶上被雷击主要是因为距离雷雨云较近所致。

自救对策

（1）保护头部。旷野遭遇强雷电时，应寻觅一低凹处并蹲下，双脚并拢，双手抱膝，胸口紧贴膝盖，同时要尽量低头，千万不要用手撑地，避免因雷击所产生的跨步电压对人体造成伤害。

（2）选址避雷。不在山洞口、大石下或悬岩下躲避雷雨，因为这些地方会成为火花隙，电流从中通过时产生的电弧可以伤人，但深邃的山洞很安全，应尽量往里面走。

（3）着塑料衣。不在旷野的地方行走，如果有急事需要赶路时，要穿塑料等不浸水的雨衣，要走得慢些，步子小点。

（4）快速上岸。如果在江、河、湖泊或游泳池中游泳时，遇上雷雨则要赶快上岸离开，因为水面易遭雷击，况且在水中若受到雷击伤害，还会增加溺水的危险。另外，尽可能不要待在没有避雷设备的船只上，特别是装有桅杆的木帆船。

（5）车厢避雷。如正在驾车，应留在车内。车壳是金属的，有屏蔽作用，就算闪电击中汽车，也不会伤人。因此，车厢是躲避雷击的理想地方。但雷电期间最好不要骑马、自行车、摩托车和开敞篷拖拉机。

（6）就地打滚。雷电伤后如衣服等着火，应该马上躺下，就地打滚，或爬在有水的洼地、水池中，使火焰不致烧伤面部，以防呼吸道烧伤窒息死亡。

（7）开展急救。如果雷电时发现有人突然倒下，口唇青紫，叹息样呼吸或不喘气，大声呼唤无反应，表明伤者意识丧失、呼吸心跳骤停，应立即进行现场心肺复苏。

特别提示

（1）不要在电线杆、高楼、树木、烟囱下避雨。

（2）不要手持带金属手柄的雨伞，不要在江河里游泳或水田里劳作。

（3）不要接触电线、铁轨、钢管等易导电物体。

（4）不要乘坐帆布篷车、拖拉机和摩托车。

（5）不要穿潮湿的衣服，不要靠近潮湿的墙壁。

（6）不要使用收音机、电视机、电脑等家用电器。

（7）远离山丘、水边、孤独的树木和没有防雷装置的、孤立的小建筑等。

5

第五章　出国旅游突发事件

随着我国经济的发展和人民生活水平的提高，越来越多的人选择出国旅游。出国旅游，难免要到达人生地不熟的地方，特别是语言沟通上也比较困难。如果此时遭遇意外事故，如何及时有效地获得救助，怎样正确地规避风险，确保自身安全，对于旅行者来说都是非常重要的。

案例回放

2004 年 12 月 26 日，印度尼西亚苏门答腊岛附近海域发生强烈地震，并引发海啸，影响到印度尼西亚、泰国、缅甸、马来西亚、孟加拉国、印度、斯里兰卡、马尔代夫、索马里、塞舌尔、肯尼亚等东南亚、南亚和东非国家，造成超过 28 万人失踪和死亡，100 多万人无家可归（图 5-1）。2004 年 12 月 26 日上午，年仅 10 岁的英国小姑娘蒂莉与家人正在泰国普吉岛享受美妙的阳光和沙滩。突然，蒂莉发觉海水有些不对劲，马上告诉她妈妈："我在沙滩上发现海水开始变得有些古怪，冒着气泡，潮水突然退下。我知道正在发生什么，并且有一种感觉，那将会是海啸。"随即拼命地喊："大浪要来啦！"幸亏她的直觉得到了家人和其他人的重视，整个海滩和邻近旅店的人们在潮水袭至岸上前，都及时撤离了。而这一切完全得益于蒂莉从地理课上学到的海啸知识。她说："地理老师卡尼先生教给我们有关地震的知识，还告诉我们地震如何引发海啸。卡尼先生曾向学生们解释，在海啸发生前 10 分钟左右，海水会出现退潮现象。"

图 5-1　海啸发生前场景

一、出国前的准备

1. 携带证件、配合审查

旅行在外，要养成随身携带身份证件的习惯。遇意外情况时，明确的身份信息是当事人获得及时、有效救助的基本条件之一，也是事后办理索赔、救济等善后手续的基本要求。在境外期间的身份证件包括护照、旅行证、当地的居留证、工作许可证、社会保险卡等。许多情况下，国内的居民身份证也可帮助中国驻外使领馆确定当事人的身份。

赴目的国的意图应与所办理的签证种类相符，入境时要主动配合目的国出入境检察机关的审查，如实说明情况。对外沟通时要保持冷静、理智，避免出现过激言行或向有关官员"塞钱"，以免授人以柄。

2．购买保险、以防伤害

旅行在外，出现意外情况的概率增加，且国外医疗费用普遍较高，建议出行前和在海外居留期间，购买必要的人身意外和医疗等方面的保险，以防万一。同时，个人购买保险的有关情况也要及时告知家人。

3．了解国情、以备不测

尽可能多地了解目的国的国情，包括风土人情、气候变化、治安状况、艾滋病及流行病疫情、海关规定（食品、动植物制品、外汇方面的入境限制）等信息，并有针对性地采取必要的应对和预防措施。

认真阅读相关旅行注意事项及安全常识，查明目的国的中国使馆或领事馆的联系方式，旅行中尽量规避风险，同时还要确保紧急情况下能够及时联络求助。

4．少带现金、维护权益

尽量避免携带大额现金出行，建议使用银行卡。如银联卡，目前已可在全球许多国家使用，出境前可查询确认，以方便旅行。如需携带大额现金，要确保做好安全防范，出境时必须按规定向海关申报，还要注意目的地国家的外汇限制。

如被目的国拒绝入境，在等待该国安排交通工具返回时，应要求该国提供人道待遇，保障饮食、休息等基本权利。否则，应立即要求与中国驻当地使领馆联系。

5．勿带禁品、慎带药品

严禁携带毒品、国际禁运物品、受保护动植物制品及前往国禁止携带的其他物品。切勿为陌生人携带行李或物品，防止在不知情的情况下为他人携带了违禁品而引来法律麻烦。

慎重选择携带个人物品，在海关规定允许的范围内选择所携带药品的品种和数量。携带治疗自身疾病的特殊药品时，建议同时携带医生处方及药品外文说明和购药发票。

二、目的国遭遇突发事件的应对

自救对策

1．非法侵害应对

（1）在公共场所遭遇袭击，要大声呼救，吓阻坏人，为自己壮胆，伺机逃脱。

（2）在偏僻的地方遭遇袭击，切记保命为重，避免为保全财物而遭受人身伤害。

（3）记住不法分子及其使用的交通工具和周围环境的特征，尽快报案。报案既是为自己，也是为他人，避免因不愿报案，在当地形成中国人胆小、好欺负的印象（图5-2）。

（4）向中国驻当地使领馆反映情况，便于使领馆及时向当地政府提出交涉。

（5）及时与家人、朋友联系，告知案情。避免家人、朋友因信息不畅被不法分子借机欺骗、敲诈。

图 5-2 遭遇抢劫

2. 恐怖袭击应对

遭遇恐怖袭击时，首要的是做到沉着冷静，不要惊慌。

（1）遭遇炸弹爆炸袭击。应迅速背朝爆炸冲击波传来的方向卧倒，如在室内，可就近躲避在结实的桌椅下。爆炸的瞬间应屏住呼吸、张口，避免爆炸所产生的强大冲击波击穿耳膜。寻找、观察安全出口，挑选人流少的安全出口，迅速有序地撤离现场，并且及时报警。

（2）遭遇匪徒枪击扫射。应快速放低身体，利用墙体、立柱、桌椅等掩蔽物迅速向安全出口撤离。来不及撤离就迅速趴下、蹲下或隐蔽于掩蔽物后，迅速报警，等待救援。

（3）遭遇有毒气体袭击。尽可能利用环境设施和随身携带的手帕、毛巾、衣物等遮掩口鼻，避免或减少毒气侵害。尽可能戴上手套，穿上雨衣、雨鞋等，或用床单、衣物遮住裸露的皮肤。尽快寻找安全出口，迅速有序地撤离污染源或污染区域，尽量逆风撤离（图5-3）。及时报警，请求救助，并进行必要的自救互助，采取催吐、洗胃等方法，加快毒物的排出。

（4）遭遇生物恐怖袭击。应迅速利用手帕、毛巾等捂住口鼻，有条件时及时戴上防毒面罩，避免或减少病原体的侵袭和吸入。尽快寻找安全出口，迅速撤离污染源或污染区域。及时报警，请求救助。

图 5-3　遭遇有毒气体袭击

3. 火灾应对

（1）熟记所在国火警电话，并将电话号码填写在随身卡片上，遭遇火灾时应迅速报警求救。

（2）在烟火中逃生要尽量放低身体，最好是沿着墙脚低姿前进，并用湿毛巾等捂住口鼻。必须经过火场逃离时，应披上浸湿的衣服或毛毯、棉被等，迅速脱离火场。

（3）从 3 楼以下楼层逃生时，可以用绳子或床单、窗帘拴紧在门窗和阳台的构件上，顺势滑下。或者利用结实的竹竿、室外牢固的排水管等逃生。

（4）若逃生路线被封锁，应立即返回未着火的室内，用布条塞紧门缝，并向门上泼水降温。同时向窗外抛扔沙发垫、枕头等软物或其他小物件发出求救信号，夜间可通过手电发出求救信号。

（5）公众聚集场所发生火灾，应听从指挥，就近向安全出口方向分流疏散撤离，千万不要惊慌、拥挤造成踩踏伤亡。在人群中前行时，要和人群保持一致，不要超过他人，也不要逆行。若被推倒在地，首先应保持俯卧姿势，两手抱紧后脑，两肘支撑地面，胸部不要贴地，以防止被踏伤，条件允许时迅速起身逃离（图 5-4）。

（6）高层建筑发生火灾，应用湿棉被等物作掩护快速向楼下有序撤离。应选择烟气不浓，大火未烧及的楼梯、应急疏散通道逃离火场。必要时结绳自救，或者巧用地形，利用建筑物上附设的排水管、毗邻的阳台、临近的楼梯等逃生。在无路可逃的情况下，到室外阳台、楼顶平台等待救援。不能乘电梯逃生。

（7）汽车发生火灾时，应迅速逃离车身。若车上线路烧坏，车门无法开启，可就近从车窗下车。若车门已开启但被火焰封住，同时车窗因人多不容易下去，可用衣服蒙住头部从车门处冲出去。

（8）地铁发生火灾，应利用手机、车厢内紧急按钮报警，并利用车厢内干粉灭火器进行扑救。无法进行自救时，应听从相关人员的指挥，安全有序地逃生。不要大喊大叫、惊慌失措，也不能从行驶中的列车车窗跳下。

图 5-4　遭遇火灾

4．洪水应对

（1）提早撤离，紧急时登高躲避，危急时就近攀爬树木、高墙、屋顶（不要爬到泥坯房屋顶），不要惊慌失措，不要游泳逃生，不要接近或攀爬电线杆、高压线、铁塔。

（2）携带可长期保存的食品、足够的饮用水和其他生活必需品。

（3）用可漂浮物自救。若被洪水卷走，要尽可能抓住固定或漂浮的物品。

（4）用移动电话寻求救援。如情况允许，应将移动电话充足电并使用塑料袋密封包裹，以保证电话能正常使用。

（5）身着颜色醒目的衣服便于搜救人员识别、寻找。选择衣服时，要注意衣服颜色与附近房屋屋顶颜色、植物颜色相区别（图 5-5）。

图 5-5　遭遇水灾

5. 地震应对

（1）地震发生时应沉着冷静，不要惊慌。

（2）如果地震发生时在室内，应迅速关掉电源、气源。蹲下，寻找掩体并抓牢。可利用写字台、桌子或者长凳下的空间，或者身子紧贴内部承重墙作为掩护，双手抓牢固定物体。如果附近没有写字台或桌子，用双臂护住头部、脸部，蹲伏在房间的角落。远离玻璃制品、建筑物外墙、门窗以及其他可能坠落、倒塌的物体，例如灯具和大衣柜等。在晃动停止并确认户外安全后，方可离开房间。不要站在窗户边或阳台上，不要跳楼或破窗而出，切勿使用电梯逃生。

（3）如果地震发生时在室外，应远离建筑区、大树、大型广告牌、立交桥、街灯和电线电缆，待在空旷地区原地不动。

（4）如果地震发生时在开动的汽车上，在确保安全的情况下，应尽快靠边停车，留在车内。不要把车停在建筑物下、大树旁、立交桥或者电线电缆下。不要试图穿越已经损坏的桥梁。地震停止后再小心前进，注意道路和桥梁的损坏情况。

（5）如果地震发生时被困在废墟下，要坚定意志，就地取材加固周围的支撑（图5-6）。不要向周围移动，避免扬起灰尘。用手帕或布遮住口部。敲击管道或墙壁以便救援人员发现。有条件的话，最好使用哨子。在其他方式都不奏效的情况下再选择呼喊，因为喊叫可能使人吸入大量有害灰尘并消耗体能。不在封闭室内使用明火。

图5-6　遭遇地震

6. 台风（飓风）应对

（1）台风（飓风）到达前，要随时通过电台、电视了解台风（飓风）移动情况及政府公告，确保门窗牢固，熟悉安全逃离的路径和当地的避难所，准备不易变质的食品及罐装水、自救药品和一定现金，保证家用交通工具可正常使用，并加足燃料，随时听从政府公告指示，撤至安全区域。

（2）台风（飓风）来临时，应紧闭门窗，关闭室内电源，尽量避免使用电话、手机。远离门窗和房屋的外围墙壁，躲到走廊、空间小的内屋、壁橱中，或者地下室或半地下室。不要外出。

（3）如在室外，不要在大树下、临时建筑物内、铁塔或广告牌下避风避雨。不要在山顶或高地停留，要避开孤立高耸的物体。

（4）若在水上，应立即上岸；若在岸边，应紧急撤离（图5-7）。

（5）若在汽车上，立即离开汽车，到安全住所内躲避。

（6）若在公共场所，要服从指挥，有秩序地向指定地点疏散。

（7）未收到台风（飓风）离开的报告前，即使出现短暂的平息仍须保持警戒。

（8）台风（飓风）过后，应注意检查煤气、水、电路的安全性，不使用未被确认为安全的自来水，不要在室内使用蜡烛等有明火的燃具。在室外行走，遇路障、被洪水淹没的道路或不坚固的桥梁时应绕行，并注意不要靠近静止的水域，静止的水域很可能因为电缆或电线损坏而具有导电性。

图5-7 遭遇台风

三、目的国特殊地理环境、气候应对

自救对策

1. 热带雨林气候应对

热带雨林是旅游者最向往的地方之一（图 5-8），但因对气候的不适应和对环境的不熟悉，又容易遭遇伤害。提前做好疾病疫苗注射，准备祛湿防暑药品，多喝淡盐水、吃清淡食品，保持身体健康，提高免疫能力。

图 5-8　热带雨林

1）防病

（1）准备必要的药品，如蛇药片、预防疟疾的药品、肠胃药、云南白药、酒精、碘酒、药棉、纱布和绷带等。

（2）携带充足的饮用水，如需取用自然水源，务必加热煮沸后再饮用。

2）防蛇咬

（1）用木棍拨打草丛，将蛇惊走。

（2）一旦不小心被毒蛇咬伤，不要惊慌，要及时寻求专业医疗人员救治，并在此前迅速自救。

（3）自救处置时，应先把伤口上方（靠心脏一方）用绳或布带缚紧，再用力挤压伤口周围的皮肤组织，将有毒素的血液挤出，然后用清水、唾液洗涤伤口，同时可服下解蛇毒药片，并用药片涂抹伤口。

3）避雷击

（1）如果在雨林中遇到雷雨，可到附近稠密的灌木带躲避，不要躲在高大的树下。

（2）避雨时应把金属物暂存放到附近一个容易找到的地方，不要带在身上。

4）防蚊

（1）不要穿短衣裤，应穿长袖衣服和长裤，并应扎紧裤腿和袖口。

（2）当夜幕降临时，最好支起帐篷或蚊帐睡觉，以防蚊虫叮咬。

5）防水蛭

（1）在鞋面上涂肥皂、防蚊油可防止水蛭上爬，大蒜汁也可驱避水蛭。

（2）喝开水，防止生水中水蛭幼虫进入体内寄生。如被水蛭叮咬，勿用力硬拉，可拍打使其脱落。

（3）也可用肥皂液、浓盐水，或用火烤使其自然脱落。压迫伤口止血，或用炭灰研磨成末，或用捣烂的嫩竹叶敷于伤口。

2. 寒冷气候应对

（1）预防雪盲，要备墨镜或太阳镜。

（2）预防干燥可使用润肤露和润唇膏。

（3）风雪天外出应戴上手套、防寒帽、耳朵套防冻（图5-9）。保持脚部的温暖干燥，袜子湿了要及时更换，风大时应停止户外活动。经常按摩揉搓冻伤部位以促进血液循环。在高海拔地区，可补充吸氧，促进血液循环。

图 5-9　寒冷气候

3. 高原环境应对

（1）患有严重心肺疾病者应避免前往高原地区。

（2）保持良好的心态，消除恐惧心理，避免过度紧张。

（3）限制体力消耗，避免剧烈的运动，保持良好的食欲及体重平衡（图5-10）。

（4）保证充足的睡眠，不要暴饮暴食，不要酗酒，刚到达高原地区几天内不要洗澡。

（5）在专业人员指导下服用抗高原反应药物。适当吸氧。当反应症状加重时，应及时到医院就诊。

图5-10　高原出行

四、进入目的国的安全注意事项

特别提示

1. 出行安全，管好财务

（1）不露富，不炫富。

（2）乘坐公共交通工具，事先准备好零钱。

（3）不随身携带大额现金、贵重物品，也不在住处存放。

（4）最好在白天人多处使用自动取款机，取款时最好有朋友在身边。

（5）因商业往来等原因收到大额现金后，建议立即存入银行。

（6）妥善保管证件。

（7）如丢失银行卡，应立即报警并打电话到发卡银行进行口头挂失，回国后再办理有关挂失的书面手续。

2. 牢记环境特征，注意人身安全

（1）出行时，如发现可疑情况，要留心周围环境的特征，如地点、地形、车辆、人们的行为、衣着等可辨认的细节，以利于意外情况发生后协助警察抓到罪犯。

（2）上街行走应走人行道，避免靠机动车道太近。

（3）携物（背包、提包等）行走，物品要置于身体远离机动车道的一侧。

（4）在摩托车盛行的国家或地区，应严防飞车抢劫。遭遇飞车抢劫时不要生拉硬夺，避免使自己受伤。

（5）过马路要走人行横道、过街天桥或地下通道。

（6）走人行横道时，应遵守交通规则，确认安全后迅速通过。

（7）在实行左侧通行的国家（如英国、澳大利亚、日本等）要注意调整行走习惯，确保安全。

（8）不要边看地图边过马路。

3. 目的国安全行为准则

1）减少夜行

（1）远离偏僻街巷及黑暗地下道，夜间行走尤其要选择明亮的道路。

（2）尽量避免深夜独行，尤其要避免长期有规律的夜间独行。

2）慎选场所

不去名声不好的酒吧、俱乐部、卡拉 OK 厅、台球厅、网吧等娱乐场所。

3）慎对生人

（1）不搭陌生人的便车，不为陌生人带路，不要求陌生人带路，不与不熟悉的人结伴同行。

（2）回避大街上主动为你服务的陌生人，不接受陌生人向你提供的食物、饮料。

4）安全驾车

（1）夜晚停车应选择灯光明亮且有较多车辆往来的地方。

（2）走近停靠的汽车前，应环顾四周，观察是否有人藏匿，提早将车钥匙准备好，并在上车前检查车内情况，如无异常，快速上车。

（3）上车后要记住锁上车门，系上安全带。

（4）下车时勿将手包等物品留在车内明显位置，以防车窗遭砸、物品被窃。

5）配合警察

遇到当地警察拦截检查时，应立即停下，双手放在警察可以看到的地方，切忌试图逃跑或双手乱动。请警察出示证件明确其身份后，配合检查和接受询问。

6）谨防勒索

如遭遇警察借检查之机敲诈勒索，应默记其证件号、警徽号、警车号等信息，并尽量明确证人，事后及时向当地政府主管部门和中国驻当地使领馆反映。

7）结伴出行

最好结伴外出游玩、购物，赴外地、外出游泳、夜间行走、海中钓鱼、戏水时尤其要注意结伴而行。

8）与众同坐

（1）乘坐公共交通工具时，尽量和众人或保安坐在一起，或坐在靠近司机的地方。

（2）不要独自坐在空旷的车厢，也尽量不要坐在车后门人少的位置。

（3）尽量避免在偏僻的汽车站下车或候车。

9）预防溺水

（1）选择有救生员监护的合格游泳场游泳，避免在野外随兴下水。

（2）雷雨或风浪大的天气不宜游泳。

（3）独自驾船、筏要备齐救生设备，包括救生衣、呼救通信设备，并应尽量避免独自驾船、筏赴陌生水域。

（4）乘坐船、筏，要遵守水上安全规定，了解和掌握救生设备的使用方法，并听从安全人员的指挥。